QUALITATIVE ANALYSE UNORGANISCHER SUBSTANZEN

VON

HEINRICH BILTZ

MIT ACHT FIGUREN

DREIZEHNTE UND VIERZEHNTE AUFLAGE

BERLIN UND LEIPZIG 1936
WALTER DE GRUYTER & CO.
VORMALS G. J. GÖSCHEN'SCHE VERLAGSHANDLUNG :: J. GUTTENTAG, VERLAGSBUCHHANDLUNG :: GEORG REIMER :: KARL J. TRÜBNER :: VEIT & COMP.

Printed in Germany
Archiv-Nr. 52 06 36

Druck von Metzger & Wittig in Leipzig

INHALT

Einleitung

Für die erfolgreiche Benutzung des vorliegenden Analysenganges ist eine gewisse Kenntnis der speziellen, unorganischen Chemie nötig, wie sie bei der Durcharbeitung der von mir im gleichen Verlage veröffentlichten „Experimentellen Einführung in die unorganische Chemie“ erworben wird. Es ist zweckmäßig, diese Kenntnis durch ein Studium des Analysenganges an der Hand der „Experimentellen Einführung“ zu beleben und durch gelegentliche Wiederholungen zu befestigen. Je besser der Arbeitende den Analysengang versteht und auswendig kennt, desto flotter wird die Arbeit vonstatten gehen; desto sicherer wird er Schwierigkeiten, wie sie in der Analyse oft vorkommen, zu überwinden imstande sein. Zur Erreichung dieses Zieles ist neben der Laboratoriumstätigkeit eifrige häusliche Arbeit nötig; dabei ist es zweckmäßig, den Gang der Analyse in Form von Tabellen kurz und übersichtlich zusammenzustellen, wofür am Schlusse dieses Buches ein gedrängtes Übersichtsschema gegeben ist.

Man mache sich von vornherein klar, daß die sachgemäße Ausführung einer qualitativen Analyse außer experimentellem Geschicke große Kenntnisse und Erfahrungen verlangt. Schablonenmäßig nach einem „Gange“ zu arbeiten, ist unmöglich. Die gleichzeitige Gegenwart verschiedener Stoffe modifiziert vielfach die Umsetzungen, die die Lösungen der getrennten Stoffe zeigen, ohne daß es möglich wäre, alle diese Fälle in Regeln zu fassen. Das Geschick des Analytikers zeigt sich darin, daß er bei solchen Vorkommnissen die Ursache erkennt und auf Grund seines unorganisch-chemischen Wissens den richtigen Weg selbständig einschlägt. Durch „Bemerkungen“, die den Gruppen angefügt sind, ist für eine Reihe solcher Fälle der Ausweg angedeutet.

Während der Ausführung der Analyse ist kurz, aber genau Buch zu führen: die sicher gefundenen Bestandteile, etwa gemachte besondere Beobachtungen, ferner Abweichungen vom normalen Analysengange sind aufzuschreiben. Wird die Arbeit unterbrochen, so ist zu notieren, wie weit man gekommen ist; außerdem sind die vorhandenen Niederschläge und Filtrate selbst zu bezeichnen, damit Verwechslungen vermieden werden.

Es ist empfehlenswert, bei der Zusammenstellung der Analysenresultate anzugeben, was die Hauptbestandteile, was geringe Beimengungen sind. Sind von gewissen Bestandteilen (z. B. von Aluminium, Eisen, Natrium, Chlorwasserstoff) nur Spuren gefunden worden, so muß dies bemerkt werden. Es wäre falsch, bei der Analyse eines mit sehr wenig Natriumchlorid verunreinigten Kaliumnitrats nur anzugeben, daß Kalium, Natrium, Chlorwasserstoffsäure und Salpetersäure gefunden seien, ohne eine ungefähre Angabe ihrer Mengenverhältnisse zu machen. Anderseits sei man natürlich bei derartigen Bemerkungen vorsichtig und vermeide, mehr zu behaupten, als man in einer qualitativen Analyse sicher feststellen kann; dabei lasse man sich von seiner Kenntnis der mehr oder weniger großen Empfindlichkeit der Reaktionen leiten; auch beachte man, daß lockere Niederschläge einen höheren Gehalt vortäuschen können, schwere Niederschläge einen geringeren.

Ist ein Bestandteil einer Analysensubstanz[1]) isoliert, so sind mit ihm Identitätsprüfungen auszuführen, durch die erwiesen wird, daß wirklich der Stoff vorliegt, der nach dem Gange der Analyse an der betreffenden Stelle gefunden werden soll; namentlich dann, wenn nur geringe Fällungen eintreten, ist große Vorsicht nötig. Man halte sich immer gegenwärtig, daß keine Trennung quantitativ ist, daß also leicht Stoffe der einen Gruppe in eine andere Gruppe verschleppt werden können; ferner, daß viele Umsetzungen durch Gegenwart fremder Stoffe beeinflußt werden. Besonders störend wirkt die Anwesenheit organischer, namentlich hydroxylhaltiger Stoffe, wie Zucker, Weinsäure, Glyzerin; sind solche in der Analysensubstanz vorhanden, so müssen sie nach den Vorschriften der toxikologischen Analyse, oder sonst in geeigneter Weise entfernt werden, ehe die Prüfung auf Metalle vorgenommen werden kann.

Die Stelle, an der ein Stoff im Verlaufe der Analyse gefunden wird, ist im folgenden dadurch gekennzeichnet, daß sein Name kursiv gedruckt und unterstrichen ist, also: *Ammonium*, *Kupfer*. Außerdem ist der Name am Rande der Seite wiederholt.

Durch unreine Reagenzien können erhebliche Störungen veranlaßt werden. Man achte z. B. darauf, daß die Ammoniak-Lösung frei von Ammoniumcarbonat sei (eine mit etwas Calciumchlorid-Lösung versetzte Probe darf weder sofort noch nach kurzem Erwärmen eine Trübung geben), weil sonst Erdalkalimetalle mit der Ammoniumsulfidgruppe fallen; ferner, daß die Salpetersäure chlorwasserstofffrei, daß die Natriumhydroxyd-Lösung möglichst von Kieselsäure, die im Gange der Analyse Aluminium vortäuschen könnte, frei sei. Von den Säuren werden, falls nichts anderes angegeben ist, die 2 *n*- oder die zehnprozentigen Lösungen verwendet.

[1]) Mit dem Worte „Analysensubstanz“ oder „Substanz“ ist im folgenden stets der zu analysierende Stoff bezeichnet.

Große Aufmerksamkeit und Sorgfalt verlangt die Dosierung der Reagenzien. Man nehme nur so viel Reagens, als zur Erreichung des gewünschten Zweckes nötig ist. Vor allem vermeide man einen größeren Überschuß an Säuren und Basen, zumal in der Ammoniumsulfid-Gruppe, bei deren Bearbeitung wiederholt angesäuert und dann wieder alkalisch gemacht werden muß. Sehr empfehlenswert ist es, diese Operationen mit Hilfe von Lackmuspapier zu kontrollieren, von dem man ein kleines Stückchen unmittelbar in die Flüssigkeit wirft.

Der Analytiker kann die Dauer einer Analyse durch sachgemäße Arbeitsdisposition sehr abkürzen. So fälle man schon während der Untersuchung des Chlorwasserstoff-Niederschlages auf Silber, Blei und Quecksilber das Filtrat mit Schwefelwasserstoffgas, prüfe während der Untersuchung dieses Niederschlages das Filtrat mit Ammoniumsulfid, und so fort. Namentlich sind längere Filtrationen, Auswaschungen und das Eindampfen von Lösungen stets als Nebenarbeit auszuführen. Dringend sei ferner davor gewarnt, zu viel Substanz in Arbeit zu nehmen. Die analytischen Reaktionen sind meist so empfindlich, daß man mit sehr wenig Substanz auskommt und nur in ganz besonderen Fällen, in denen es sich um den Nachweis sehr geringer Beimengungen handelt, größere Proben in Arbeit nehmen muß. Eine unnötig große Substanzmenge in Arbeit zu nehmen, verzögert die gesamte Analyse, ohne Vorteil zu bringen.

Die zur Analyse vorliegende Substanz-Probe wird, um Veränderungen zu vermeiden, zweckmäßig in einem verschlossenen Gläschen aufbewahrt.

Schließlich sei darauf hingewiesen, daß die im folgenden möglichst eingehend beschriebenen Methoden vielfacher Abänderung fähig sind. Solche wird aber nur der Geübte vornehmen dürfen. Das erste Bestreben eines angehenden Analytikers muß sein, einen Gang, diesen aber sicher, zu beherrschen. Erst dann darf er sich Abweichungen erlauben.

Analytische Operationen

Im folgenden seien einige, in der qualitativen Analyse häufig vorkommende Operationen kurz beschrieben.

Fällen: Fällungen werden in Probiergläsern, in Bechergläsern oder in Erlenmeyer-Kölbchen (Fig. 1 a), seltener in Porzellanschalen ausgeführt, dagegen nicht in bauchigen Kochflaschen (Fig. 1 b), weil man aus ihnen den Niederschlag weniger leicht herausspülen kann. Sehr bequem sind weithalsige Erlenmeyer-Kolben.

Zu Fällungen mit Schwefelwasserstoffgas braucht man einen Erlenmeyer-Kolben von etwa 200 cm^3 Inhalt, der mit einem Gummistopfen verschlossen werden kann; durch den Gummistopfen führt ein rechtwinklig gebogenes Einleitungsrohr luftdicht hindurch (Fig. 2).

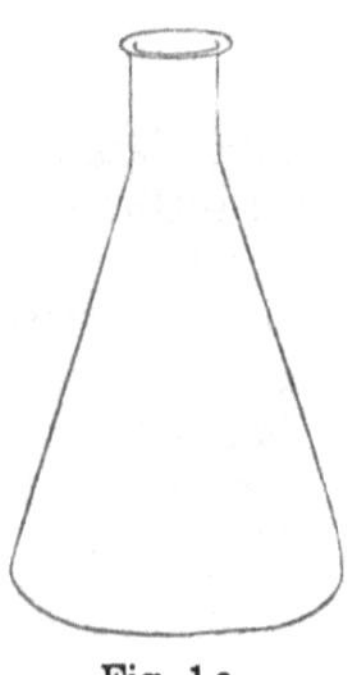

Fig. 1a.

Fig. 1b.

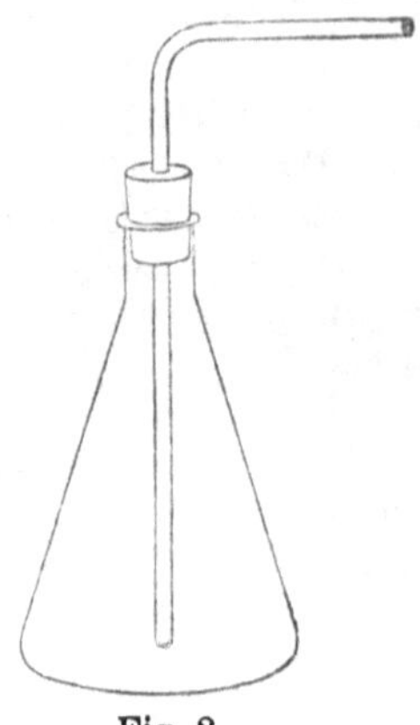

Fig. 2.

Beim Gebrauche leitet man durch das Einleitungsrohr zunächst einige Augenblicke einen kräftigen Schwefelwasserstoffstrom durch die im Kolben befindliche Lösung, ehe man den Stopfen fest aufsetzt, damit die über der Lösung stehende Luft durch Schwefelwasserstoffgas ersetzt werde. Wird der Stopfen nun fest eingedrückt, so tritt, auch bei voll geöffnetem Hahne, nur so viel Schwefelwasserstoffgas in Blasen in den Kolben, als zur Umsetzung verbraucht wird. Beim Umschütteln folgen die Blasen, wie man an der Waschflasche erkennt, in kürzeren Zwischenräumen, weil die Absorption des Gases jetzt schneller vor sich geht. Man erkennt das Ende der Umsetzung daran, daß auch beim Umschütteln keine Blasen mehr durch die in der Waschflasche befindliche Flüssigkeit aufsteigen. Die Fällung wird durch erhöhte Temperatur beschleunigt.

Hat das Institut eine Zentralanlage zur Bereitung von Schwefelwasserstoff, so ist es besser, das Gas offen durch die zu sättigende Lösung zu leiten, und eine Vergeudung von Schwefelwasserstoff durch Einschaltung eines Stückes Kapillarrohr in die Schwefelwasserstoff-Leitung zu verhindern. Bei Verwendung geschlossener Kolben könnten Druckschwankungen in der Leitung ein Zurücksteigen der zu analysierenden Lösung veranlassen.

Auswaschen. Das Filtrieren und Auswaschen der Niederschläge auf dem Filter geschieht nach der in der „Experimentellen Einführung" gegebenen Vorschrift. Wenn es nicht darauf ankommt, den Niederschlag genau auszuwaschen, verwendet man stets ein Faltenfilter, weil dadurch die Filtration beschleunigt wird. Zum Auswaschen braucht man bei analytischen Arbeiten zwei Spritzflaschen, deren größere von $^1/_2$ bis 1 l Inhalt für destilliertes Wasser bestimmt ist, während die kleinere von höchstens 100 cm^3 Inhalt gelegentlich zum Auswaschen mit anderen Flüssigkeiten, z. B. mit einem Alkohol-Äther-Gemische benutzt wird. Die Ausflußspitze ist an der größeren Spritzflasche zweckmäßig mit einem Stücke Gummischlauch angesetzt, damit sie beim Gebrauche mit dem Zeigefinger bewegt werden kann; an der kleineren Spritzflasche bestehe Ausflußspitze und Ausflußrohr aus einem Stücke.

Man wasche, auch bei qualitativen Analysen, stets sorgfältig aus. Der Anfänger verfällt, — in dem Bestreben, möglichst rasch vorwärts zu kommen, — leicht in den Fehler, Niederschläge und Filter nicht ausreichend auszuwaschen; es bleibt dann von den gelösten Stoffen des Filtrates ein Teil im Niederschlage, der bei der weiteren Verarbeitung des Niederschlages böse Störungen veranlassen kann. Man nehme sich also zur Operation des Auswaschens stets reichlich Zeit, was um so leichter möglich ist, als man bei richtiger Arbeitsdisposition fast immer nebenher andere Teile der Analyse behandeln kann.

Niederschlag abspritzen. Einen Niederschlag kann man von dem Filter durch Abspritzen trennen. Zu diesem Zwecke nimmt man das Filter mit dem Niederschlage aus dem Trichter heraus, öffnet es und breitet es auf der flachen inneren Handfläche der linken Hand aus, den oberen Rand mit dem Daumen festhaltend; alsdann spritzt man den Niederschlag von ihm mit dem kräftig geblasenen, aber nicht unnötig dicken Strahle einer Spritzflasche in ein Becherglas oder eine Schale, wobei man zweckmäßig den Strahl schnell durch die Masse des Niederschlages hin und her spielen läßt.

Niederschlag abklatschen. Soll ein Niederschlag möglichst trocken von dem Filter entfernt werden, so kann man ihn mit dem Spatel oder einer „Magnesia-Rinne" abkratzen. Oder man „klatscht ihn" in ein Schälchen ab. Zu diesem Behufe öffnet man das gut abgetropfte Filter und breitet es — den Niederschlag nach unten — auf einer Abdampfschale aus; durch leises Drücken werden die zwischen Niederschlag und Schale befindlichen Luftblasen entfernt, und nun das Filter

— von einer Seite beginnend — gehoben, wobei der Niederschlag an der Schale haften bleibt. Diese wichtige Operation, bei der nur geringe Teile des Niederschlages am Filtrierpapiere haften bleiben, wird in der qualitativen Analyse oft ausgeführt.

Niederschlag auf dem Filter lösen. Eine sehr bequeme Methode, einen Niederschlag vom Filter zu entfernen, besteht darin, daß man ihn „auf dem Filter löst". Diese Methode ist besonders empfehlenswert, wenn der Niederschlag nicht reichlich ist, und wenn er in Säuren oder sonstigen, geeigneten Lösungsmitteln schnell löslich ist. Man erwärmt die erforderliche Masse Lösungsmittel in einem Probierglase und gießt sie auf das im Trichter befindliche Filter, das den Niederschlag enthält; das Filtrat fängt man in einem zweiten Probierglase auf. Wenn alle Flüssigkeit durchgelaufen ist, filtriert man sie noch einmal durch dasselbe Filter, sammelt das Filtrat im ersten Probierglase und wiederholt dies Hinundher-Filtrieren, bis der Niederschlag auf dem Filter völlig gelöst ist. Zum Schlusse kann man die Papiermasse des Filters mit einigen Tropfen Wasser waschen. Zweckmäßig löst man einen Niederschlag auf dem Filter gleich nach dem Abfiltrieren und Auswaschen auf, weil viele Niederschläge beim Aufbewahren schwerer löslich werden; sie „altern".

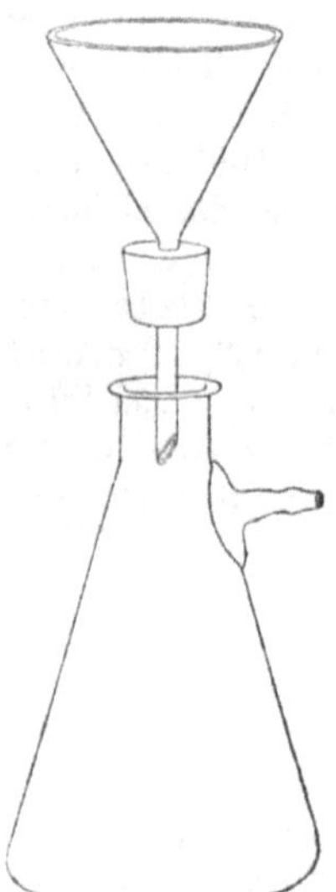

Fig. 3.

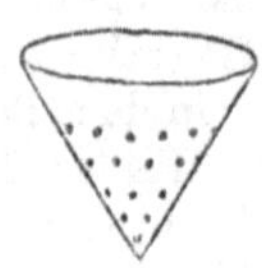

Fig. 4.

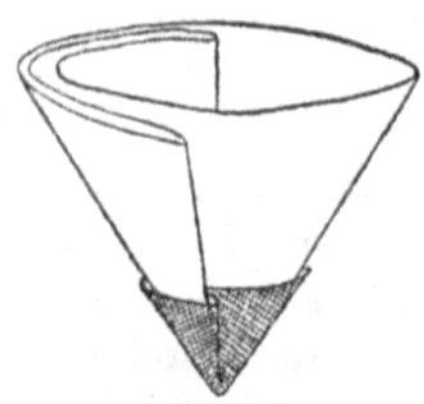

Fig. 5.

Niederschlag absaugen. In manchen Fällen kann das Abfiltrieren und Auswaschen eines Niederschlages dadurch beschleunigt werden, daß man den Niederschlag absaugt. Dabei wird die in Fig. 3 abgebildete Saugflasche, auf die der Trichter mit einem Stopfen luftdicht aufgesetzt werden kann, benutzt; über den seitlichen Rohransatz wird der zur Wasserstrahl-Luftpumpe führende Schlauch gezogen.

Um einem Reißen des Filters vorzubeugen, wird zunächst ein durchlochtes Platinblech-Trichterchen, ein sogenannter Platinkonus (Fig. 4), und dann erst das Filter in den Trichter gesetzt. Statt des Konus kann man auch ein Leinwandläppchen von etwa ·2 cm Seitenlänge benutzen, das auf die Mitte des offenen Filters gelegt und mit diesem so umgeknifft wird, daß es der Spitze der Filtertüte außen fest anliegt (Fig. 5). Auf jeden Fall muß das Filter vor der Benutzung befeuchtet und der Trichterwand fest angedrückt werden, damit zwischen beiden keine Luftblasen bleiben.

Wenn man zum Schlusse des Filtrierens und des Auswaschens die Operation unterbrechen will, muß man zunächst den Schlauch von der Saugflasche abstreifen, und darf erst dann die Wasserstrahl-Pumpe abstellen damit nicht von ihr Wasser in die Saugflasche zum Filtrate zurücksteige.

Die Beurteilung, ob sich ein Niederschlag zum Absaugen eigne oder nicht, erfordert Erfahrung. Sehr feinkörnige Niederschläge, wie Bariumsulfat laufen beim Absaugen durchs Filter; sehr feinflockige Niederschläge, so vielfach der Ammoniumsulfid-Niederschlag, schlagen sich als dichte Schicht auf der Filterwandung nieder, so daß der Filtrationsprozeß nun erst recht langsam vor sich geht. Am besten eignen sich körnige oder grobflockige Niederschläge zum Absaugen, oder Niederschläge, die von alkoholischen Lösungen getrennt werden sollen. Im folgenden ist bei den sich zum Absaugen eignenden Niederschlägen darauf hingewiesen.

Man merke sich für das Absaugen als allgemeine Regel, daß zu Beginn stets nur wenig und erst gegen Schluß des Auswaschens stärker gesogen werden darf. Im allgemeinen kommt man bei der qualitativen Analyse mit gewöhnlichen Filtern schneller zum Ziele als mit einer Saugvorrichtung — zumal es sich fast stets um geringe Flüssigkeitsmengen handelt.

Platinblech und Platintiegel. Die Verwendung eines Platintiegels wird meist zu umgehen sein; im allgemeinen wird man mit einem Platin- oder Nickelbleche von etwa 2 bis 3 cm Seitenlänge auskommen. Für Schmelzungen, wie sie beim Aufschließen nötig sind, biegt man die vier Kanten des Bleches hoch und formt so eine flache Wanne, in der man die Schmelzung, wenn nötig, in mehreren Anteilen ausführt (Fig. 6). Auch eignet sich ein Platin- oder Nickeltiegel-Deckel.

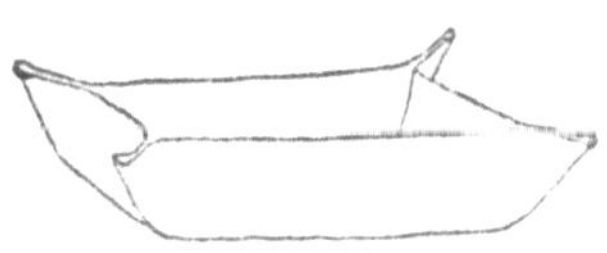

Fig. 6.

Da Platin sich mit einigen Metallen zu leicht schmelzenden Legierungen vereinigt, dürfen Platingeräte zu Schmelzungen nur dann benutzt werden, wenn solche Metalle nicht vorhanden sind und sich auch nicht aus ihren Verbindungen bilden können. Besonders gefährlich sind Arsen, Antimon, Zinn, Wismut, Blei, Silber.

Nach dem Gebrauche weiche man die am Bleche festhaftenden Reste der Schmelze mit etwas Wasser oder Chlorwasserstoffsäure auf, spüle ab, glätte das Blech und säubere es, wenn nötig, unter Mithilfe von etwas Sand.

Als Ersatz für Platindraht eignen sich zumeist vortrefflich die von E. Wedekind empfohlenen „Magnesiastäbchen“, die von der Vereinigten Magnesia Comp. und E. Hildebrandt A.-G. in Berlin-Pankow hergestellt werden. Als Ersatz für Platinblech sind in der qualitativen Analyse häufig die aus dem gleichen Materiale gefertigten Rinnen gut verwendbar.

Gang der Analyse

Durch die qualitative Analyse einer unorganischen[1]) Substanz ist zu ermitteln, ob, bzw. welche Metalle und ob, bzw. welche Säuren vorhanden sind. Bei den Metallen, die in verschiedenen Wertigkeitsstufen vorkommen, wäre festzustellen, in welcher Wertigkeitsstufe sie vorliegen. Schließlich ist nach Möglichkeit zu ermitteln, welche Metalle und Säuren zu Salzen vereinigt sind, und welche Metalle etwa als Oxyde oder als freie Metalle zugegen sind; diese letzteren Punkte lassen sich nicht in allen Fällen mit Sicherheit aufklären. Man vergesse nicht, zu prüfen, ob Wasser, z. B. Kristallwasser, zugegen ist.

Man beginnt die Analyse mit einigen Vorprüfungen, die den Zweck haben, im allgemeinen über den Charakter der Substanz Aufklärung zu geben. Sie helfen oft zur richtigen Wahl des zur Auflösung oder Aufschließung geeigneten Mittels oder machen auf gewisse, zuweilen nötige Abänderungen des Analysenganges aufmerksam, so bei Silicaten, Fluoriden, Bleiverbindungen, organischen Verbindungen. Außerdem ergibt schon die Vorprüfung einen sicheren Aufschluß über die An- oder Abwesenheit einiger Säuren und Metalle. Es wäre ein großer Fehler, den Wert der Vorproben zu unterschätzen.

Den Vorprüfungen läßt man die systematische Analyse folgen; diese wird mit einer Lösung der Substanz vorgenommen. Man stellt zunächst fest, welche Metalle in der Lösung enthalten sind. Dann ermittelt man teils mit der Lösung, teils mit der ursprünglichen Substanz, welche Säuren vorliegen. Zum Schlusse ergeben einige Versuche die Wertigkeitsstufe der Metalle, soweit diese nicht schon im Gange der Analyse zutage getreten ist, und ferner eventuell die Zusammengehörigkeit von Metallen und Säuren.

---

[1]) In dem vorliegenden Analysengange ist auch auf zwei organische Säuren, nämlich Oxalsäure und Essigsäure, Rücksicht genommen, weil sie dem Analytiker zuweilen begegnen und sich ohne Schwierigkeit dem Analysengange einordnen lassen.

Die Vorprüfungen

Zu den Vorprüfungen ist möglichst wenig Substanz[1]), höchstens 1/2 bis 1 g, zu verwenden. Man achte besonders auf diejenigen Proben, die die Anwesenheit oder Abwesenheit solcher Stoffe ergeben, auf welche im Gange der Analyse später nicht weiter Rücksicht genommen ist, nämlich **Ammonium, Fluorwasserstoffsäure, Kieselfluorwasserstoffsäure, Kieselsäure, Titansäure, Ferrocyanwasserstoffsäure, Ferricyanwasserstoffsäure, Wasser.**

1. Erhitzen im Glasröhrchen. Ungefähr so viel Substanz, als eine viertel bis achtel Erbse ausmacht, werde in einem etwa 6 cm langen, außen etwa 0·6 cm weiten, einseitig geschlossenen Glasröhrchen, zuerst gelind, dann stärker erhitzt und zuletzt geglüht. Dabei achte man auf ein sich etwa bildendes Destillat oder Sublimat und prüfe mehrfach, ob ein Geruch auftritt. Es kann sich zeigen:

a) **Wasserdestillat.** Es liegt eine *kristallwasserhaltige* oder feuchte Substanz vor. Wasser

b) **Verkohlung** (nicht zu verwechseln mit einer Schwärzung, wie sie z. B. Cuprisalze beim Glühen unter Bildung von Cuprioxyd geben); bei Verkohlung treten meist brenzlig riechende Dämpfe auf: *Organische Stoffe*[2]), *wie Zucker, Weinsäure.*

c) **Sublimat.**

weiß: *Antimonoxyde* (schwer oder gar nicht flüchtig, schmelzen beim Erhitzen), *Arsentrioxyd* (feinkristallinisch, leicht flüchtig, schmilzt beim Erhitzen nicht), *Ammoniumchlorid, Ammoniumcarbonat* (diese vier Sublimate verändern ihre Farbe beim Betupfen mit Natrium-hydroxyd-Lösung nicht), *Mercurochlorid* (wird mit Natriumhydroxyd-Lösung schwarz), *Mercurichlorid* (wird mit Natriumhydroxyd-Lösung gelbrot).

grau: *Quecksilber* (Tröpfchen sind zu erkennen), *Cadmium.*

gelbbraun: *Schwefel* (Tröpfchen, die einige Zeit flüssig bleiben), *Arsentrisulfid.*

gelb: *Arsentrisulfid* (heiß dunkel), *Mercurijodid* (letzteres wird beim Berühren und Reiben rot).

schwarz: *Mercurisulfid, Jod* (violette Dämpfe), *Arsen* (in Natrium-hypochlorit-Lösung löslich).

d) **Dampfbildung.**

violett: *Jod.*

braun: *Brom* (der Dampf färbt Stärkekleister-Papier gelb); *Stickstoffoxyde,* die sich aus Nitraten usw. gebildet haben können (sie färben Stärkekleister-Papier nicht gelb, bläuen dagegen Kaliumjodidstärkekleister-Papier).

---

[1]) Liegen Lösungen zur Analyse vor, so stelle man ihre Reaktion mit Lackmuspapier fest. Zur Ausführung der Vorproben dampfe man einen Teil auf dem Wasserbade ein und benutze den Rückstand.

[2]) Oxalsäure zersetzt sich beim Glühen ohne Kohle-Abscheidung.

ungefärbt, geruchlos: *Sauerstoff aus Superoxyden, Edelmetalloxyden, Chloraten, Nitraten* (läßt glimmendes Streichholz aufflammen).
ungefärbt, riechend: *Schwefeldioxyd aus Gemischen von Metallsulfiden und Sulfaten; Schwefelwasserstoff aus feuchten Sulfiden; Ammoniak* (gibt mit chlorwasserstoffhaltiger Luft dichte Nebel, bläut feuchtes, rotes Lackmuspapier).

e) **Farbänderung.** Eine Gelbfärbung ursprünglich weißer Substanzen kann sich erklären durch Gegenwart von *Zinkoxyd, Zinndioxyd* (die Farbe wird beim Abkühlen wieder fast weiß), *Bleicarbonat, Mercurinitrat* (die Farbe bleibt, da sich Bleioxyd oder Mercurioxyd gebildet haben).

f) **Regulusbildung.** Metallpulver können zu einem „Regulus" zusammenschmelzen; auch können durch Reduktion Metalle aus ihren Verbindungen frei werden; man suche das Metall zu lösen und in Tröpfchen der Lösung durch einige Umsetzungen zu erkennen.

g) **Alkalische Reaktion** des erkalteten und angefeuchteten Glührückstandes. Sie deutet auf *Oxyde, Carbonate oder Salze organischer Säuren mit den Alkalimetallen, Erdalkalimetallen oder Magnesium.*

h) Wenn die **Substanz völlig flüchtig** zu sein scheint, wird zur Kontrolle eine Probe auf dem Platinbleche geglüht. Ist sie in der Tat flüchtig, so kann von basischen Bestandteilen nur *Quecksilber oder Ammonium* zugegen sein; auch *Arsen- und Antimon-Verbindungen* sind flüchtig. Man beachte, daß leicht schmelzbare Alkalimetallsalze zuweilen das Platinblech völlig gleichmäßig in dünner Schicht umkleiden und dann dem Augen entgehen können, namentlich solange das Blech heiß ist.

2. Erhitzen auf Kohle. Eine kleine Probe Substanz werde auf Kohleunterlage mit der Reduktionsflamme des Lötrohrs erhitzt. Zu diesem Zwecke mache man in ein Stück Holzkohle mit einem Messer, einer Feile oder einem ähnlichen Gegenstande eine flache Vertiefung, drücke das Substanzpulver fest in sie, wobei es ganz gut ist, wenn sich einige Kohlepartikelchen mit der Substanz mischen, und befeuchte es, wenn es nicht festhalten sollte, mit einem Tröpfchen Wasser. Dann erhitze man zuerst mäßig, später stärker mit der Reduktionsflamme. Es zeigt sich:

a) **Geruch.** knoblauchähnlich: *Arsen.*

b) **Verpuffen unter Feuererscheinung** (nicht mit einem Verspratzen zu verwechseln). *Nitrate, Chlorate, Bromate, Jodate.*

c) **Beschlag.** weiß: *Zink* (der Zinkoxyd-Beschlag ist in der Hitze gelb und nicht flüchtig), *Arsen, Ammonium* (beide leicht flüchtig), *Antimon* (schwer flüchtig). Weiße Beschläge sind wenig charakteristisch, da sie durch verschiedene Salze hervorgebracht werden können, so durch Alkalimetallchloride, Bleichlorid, Wismutchlorid.
gelb: *Blei, Wismut.*
braun: *Cadmium.*

d) **Metallkorn.** *Zinn, Blei* (beide weich, namentlich letzteres, das, auf Papier gerieben, einen Bleistrich gibt), *Wismut, Antimon* (beide spröde), *Kupfer* (nicht als Korn, sondern als lockere Masse, die man namentlich nach dem Zerdrücken und Fortschlämmen der Kohleteilchen als rote Metallflitterchen erkennt), *Silber* (nicht spröde, beträchtlich härter als Blei).

e) bleibt ein **weißer, ungeschmolzener Rückstand**, so wird er mit einer Spur sehr verdünnter Kobaltnitrat-Lösung befeuchtet und nochmals stark geglüht. Der Rückstand kann **gefärbt** erscheinen:

blau: *Aluminium* — aber auch manche Erdalkalimetallphosphate, Silicate, Arsenate geben Blaufärbung.
grün: *Zink.*
rosa: *Magnesium.*
grau: *Erdalkalimetalle.*

3. Erhitzen am Kohle-Soda-Stäbchen. Eine kleine Probe Substanz werde an die Spitze eines teilweise mit geschmolzener Kristallsoda überzogenen und verkohlten Streichholzes gebracht und einige Minuten stark geglüht. Man achte auf 2b und 2d. Etwa entstandene Metallkügelchen lassen sich nach dem Abkühlen mit einiger Vorsicht leicht herauspräparieren und für sich prüfen. Die dabei abfallenden, mit der Schmelze inkrustierten Kohlesplitterchen bringe man in einen Tropfen Wasser auf eine saubere Silbermünze und spüle nach einigen Minuten die Masse ab: ein hinterbleibender, deutlicher, schwarzbrauner Fleck weist auf einen *Schwefelgehalt der Substanz* (Sulfate, Sulfite, Sulfide). Zeigt die Silbermünze keinen deutlichen Fleck, sondern nur einen leichten Anhauch, so ist nicht auf einen Schwefelgehalt der Substanz zu schließen, da ein wenig Schwefel aus der Leuchtgas-Flamme in die Schmelze gekommen sein kann. Oder man prüft den Wasserauszug mit Nitroprussidnatrium.

4. Flammefärbung. An das durch mehrfaches Befeuchten mit konzentrierter Chlorwasserstoffsäure und mehrfaches Ausglühen von jeder Spur flammefärbender Stoffe befreite Ende eines Magnesiastäbchens bringe man etwas Chlorwasserstoffsäure nebst einer Spur der Substanz und glühe. Der Rückstand am Stäbchen wird noch einmal mit konzentrierter Chlorwasserstoffsäure befeuchtet und wieder andauernd geglüht, weil bei Sulfaten erst dann die Flammefärbung deutlich auftritt. Die Flamme kann gefärbt sein

grün: *Barium, Kupfer* (blaugrün), *Borsäure*, eventuell auch *Phosphorsäure.*
intensivrot: *Lithium, Strontium* (durch ein tief dunkelblaues Glas oder Indigo-Prisma gesehen blaurot), *Calcium* (orangestichig rot; durch ein tief dunkelblaues Glas gesehen farblos bis fahlgrünlich).
blau: *Zinn, Kupfer.*

Eine Gelbfärbung ist nicht charakteristisch, da die zu ihrer Erzeugung ausreichenden Natriumspuren überall vorkommen; ebensowenig ist eine Violettfärbung für Kalium charakteristisch, da auch andere Stoffe, wie Arsen, eine ähnliche Erscheinung geben.

5. Phosphorsalz-Perle. Man bringe ein wenig Substanz an eine, für a und b zweckmäßig am Platindrahte hergestellte, warme Phosphorsalzperle und erhitze die Perle bis zum Flusse. Dabei achte man auf:

a) „**Kieselsäureskelett**", d. h. in der geschmolzenen Perle schwimmt eine weniger durchsichtige, trübe Masse umher: *Kieselsäure.* (Diese Probe, Kieselsäure
zu der man zweckmäßig ein Splitterchen der Substanz und nicht ihr Pulver verwendet, ist nicht ganz sicher, da einige Silicate, wie Zeolithe, sich in der Perle klar lösen, anderseits einige wenige, kieselsäurefreie Substanzen, wie manche Apatite und namentlich Stannioxyd, ein ähnliches Skelett geben.) Eine absolut sichere, einfache Probe auf Kieselsäure gibt es nicht; am zuverlässigsten ist es, eine Probe Sub-

stanz im Platintiegel mit einem kieselsäurefreien Fluoride und etwas wasserfreier Schwefelsäure gelind zu erhitzen, und in die Dämpfe einen Wassertropfen zu halten. Umkleidung des Tropfens mit einer Schicht Kieselsäure erweist deren Gegenwart. Oder man verschmelzt ein Teilchen Substanz am Öhr eines Platindrahtes mit Natriumcarbonat. Die verdünnte, salpetersauere Lösung färbt sich auf Zusatz von salpetersauerer Molybdänsäure-Lösung gelb, wenn Kieselsäure vorhanden ist. Ein gleicher Versuch ohne Substanz-Zusatz darf — als Zeichen des Fehlens von Kieselsäure in den Reagenzien — diese Gelbfärbung nicht geben.

b) die **Perle** wird beim Erkalten **trüb und undurchsichtig weiß**, namentlich wenn reichlich Substanz genommen ist: *Erdalkalimetalle.*

c) **Farbe der Perle.**

gelb bis braunrot in der Hitze, kalt fast farblos: *Eisen, Nickel.*

grün: *Chrom, Uran* (die Uranperle wird in der Oxydationsflamme gelb).

blau: *Kobalt, Kupfer* (bei stärkerem Kupfergehalte grün).

violett in der Oxydationsflamme: *Mangan* (in der Reduktionsflamme farblos).

dunkelrot packsiegellackartig in der Reduktionsflamme: *Kupfer* (namentlich deutlich beim Verschmelzen der am Magnesiastäbchen haftenden Perle mit ein wenig Zinnfolie).

6. Mangan- und Chrom-Probe. Ein wenig Substanz werde mit dem Mehrfachen an Natriumcarbonat- und Kaliumnitrat-Pulver gemengt, und das Gemisch auf einer Magnesiarinne geschmolzen; während des Schmelzens nehme man einige Male aus der Flamme und betrachte. Die Schmelze kann, namentlich am Rande deutlich, gefärbt sein.

grün [1]: *Mangan.*

gelb: *Chrom.* (Man beachte die zur Schwefelwasserstoffgruppe gehörige Bemerkung 1, vgl. S. 31).

7. Ammoniumprobe. Man befeuchte auf einem Uhrglase eine Federmesserspitze Substanz mit 1 bis 2 Tropfen Natriumhydroxyd-Lösung und decke ein zweites ebenso großes Uhrglas darüber, auf dessen konkave Seite ein Stückchen feuchtes, rotes Lackmuspapier ge-
Ammonium klebt ist. Durch entweichendes *Ammoniak* wird das Lackmuspapier in einigen Minuten blau. Beim Auseinandernehmen der Gläser ist gewöhnlich Ammoniak deutlich zu riechen. Wenn man bei dem Versuche neben das Lackmuspapier ein Tröpfchen Platinchlorwasserstoff-Lösung bringt, so entsteht Ammoniumplatinchlorid, dessen charakteristische Kristalle unter dem Mikroskope zu erkennen sind. Über den Nachweis von Ammonium in cyanidhaltigen Substanzen vgl. S. 62, Bemerkung 6.

8. Fluorprobe. Man erhitze ein wenig Substanz mit etwas Sand und $^1/_2$ cm^3 wasserfreier Schwefelsäure in einem trockenen Probierglase bis zum Auftreten von Dämpfen und führe, ohne die Wände zu berühren, in die Dämpfe einen am unteren Ende mit Wasser befeuchteten

---

[1]) Eine grüne Schmelze kann neben Mangan auch Chrom enthalten. Man löse die Schmelze in wenig Wasser auf, gieße die grüne Lösung ab und lasse sie mit etwas Alkohol einige Minuten kalt stehen. Unter Abscheidung von Mangandioxydhydrat verschwindet die Grünfärbung, und es tritt eventuell das Gelb der Chromat-Lösung hervor.

Glasstab ein. Wenn die Wassertröpfchen sich mit einer trüben, festen Schicht von Kieselsäure überziehen, so liegen *Fluoride* oder *Silicofluoride* vor. Fluoride oder Silicofluoride

Sind größere Mengen anderer Halogenwasserstoffsäuren, wie Chlorwasserstoffsäure zugegen, so gelingt die Probe auf Fluor nicht, weil diese Säuren die Hydrolyse des Siliciumfluorids und somit die Abscheidung der Kieselsäure im Wassertropfen verhindern; in diesem Falle erhitze man eine Probe Substanz im Probierglase mit etwas konzentrierter Schwefelsäure, spüle dann das Probierglas mit Wasser usw. völlig sauber und trockene es: waren Fluoride oder Silicofluoride zugegen, so erscheint die Wandung angeätzt, namentlich so weit sie mit Flüssigkeit bedeckt war.

Zur Prüfung auf *Titansäure* filtriert man diese verdünnte, schwefelsauere Lösung und versetzt sie mit etwas Wasserstoffsuperoxyd: eine Gelb- bis Gelbbraun-Färbung erweist Titansäure. Titansäure

9. Arsen-, Antimon- und Quecksilber-Probe. Man mische ein wenig der trockenen Substanz mit dem Doppelten eines fein gepulverten Gemisches von trockenem Natriumcarbonat und Natriumcyanid, von dem man sich zweckmäßig einen kleinen Vorrat in einem verschließbaren Glase aufhebt, und erhitze die Masse stark in einem einseitig geschlossenen Glasröhrchen. Es kann ein an der Glaswandung haftender Spiegel entstehen

braun, zusammenhängend: *Arsen* (in Natriumhypochlorit-Lösung löslich).
schwarz, zusammenhängend: *Antimon* (in Natriumhypochlorit-Lösung unlöslich).
grau, Tröpfchen zeigend: *Quecksilber*.

In der Schmelze können Metallkügelchen von *Silber*, *Blei*, *Zinn*, *Antimon* usw. durch Reduktion entstanden sein.

Vorsicht bei Gegenwart von Nitraten, Chloraten usw. (Vorprobe 2b)! Es kann explosionsartige Umsetzung erfolgen.

10. Probe auf Cyanverbindungen (auch auf komplexe Cyanverbindungen). Man erhitze eine Probe Substanz, die mit etwas Ammoniumsulfat gemischt ist, im einseitig geschlossenen Glasröhrchen. Tritt Cyanwasserstoffgeruch auf, so liegen *Cyanverbindungen* vor.

In diesem Falle koche man eine Substanzprobe mit etwas Natriumcarbonat-Lösung, filtriere und säuere das Filtrat an; die eine Hälfte versetze man mit einigen Tropfen frisch bereiteter Ferrosalz-Lösung, die andere mit einigen Tropfen Ferrisalz-Lösung und stelle fest, ob *Ferricyanwasserstoffsäure* oder *Ferrocyanwasserstoffsäure* vorliegt. Ferricyanwasserstoffsäure Ferrocyanwasserstoffsäure

Auch durch Verschmelzen einer Substanzprobe mit etwas Natriumthiosulfat auf einer Magnesiarinne bis zum Auftreten einer Schwefelflamme kann man auf cyanhaltige Stoffe prüfen. Dabei entsteht ein Rhodanid, das beim Versetzen des angesäuerten, wäßrigen Auszuges der Schmelze mit einer Spur Ferrisalz an der Rotfärbung erkannt wird. Nur die Eisencyanwasserstoffsäuren werden so meist nicht zerlegt und liefern Berlinerblau.

Auflösen und Aufschließen der Substanz

I. Auflösen

Zum Auflösen der Substanz kann Wasser, Chlorwasserstoffsäure, Salpetersäure oder ein Gemisch von Chlorwasserstoff- und Salpetersäure verwendet werden. Welches dieser Lösungsmittel geeignet ist, ergibt eine kleine Löslichkeitsprobe.

1. Man koche eine Federmesserspitze der fein gepulverten Substanz in einem Probierglase mit etwa 2 bis 3 cm^3 Wasser. Löst sich alles, so ist Wasser das geeignete Lösungsmittel; löst sich scheinbar nichts, so lasse man absitzen und filtriere einige Tropfen durch ein ganz kleines Filterchen auf ein Platinblech; hinterbleibt beim vorsichtigen Abdampfen — nicht Glühen — kein Rückstand, so ist die Substanz in Wasser unlöslich. Man achte beim Eindampfen sorgfältig darauf, daß nichts verspritze, und blase zweckmäßig über die verdampfende Flüssigkeit.

2. Wenn sich nicht alles[1]) in Wasser gelöst hat, so gebe man zu derselben Probe einige Tropfen konzentrierter Chlorwasserstoffsäure, so daß der Gesamtgehalt an Säure etwa zehn Prozent betrage, und koche wieder auf.

3. Wenn die Substanz auch so nicht löslich ist, lasse man absitzen, gieße die Lösung vorsichtig vom Bodensatze ab und erhitze diesen mit etwas konzentrierter Chlorwasserstoffsäure.

4. Tritt auch dann keine Lösung ein, so gebe man einige Tropfen konzentrierter Salpetersäure zu der Mischung und achte darauf, ob gleich oder beim Erwärmen Lösung eintritt.

5. Schließlich koche man eine zweite Probe des wasserunlöslichen Teiles der Substanz mit zwanzigprozentiger Salpetersäure. Da manche Nitrate in starker Salpetersäure wenig löslich sind, sich also ausscheiden können, so gieße man die salpetersauere Lösung ab und versuche den Rückstand in kochendem Wasser zu lösen.[2])

Zur Analyse selbst löse man etwa einen knappen, gestrichenen Teelöffel voll Substanzpulver — bei sehr lockeren Pulvern einen gehäuften Teelöffel, bei schweren weniger — auf. Und zwar wähle man das in der eben angeführten Reihenfolge erste Lösungsmittel, das die Substanz löst. Dabei beachte man folgendes:

---

[1]) Sollte sich nicht alles in Wasser lösen, und sollten sich beim Abkühlen der Lösung Kristalle ausscheiden, so wäre zu versuchen, ob sich der Rest mit einer größeren Wassermasse lösen läßt; es könnten Bleisalze der Halogenwasserstoffsäuren vorliegen.

[2]) Man beachte auch den letzten Absatz unten auf der nächsten Seite.

Wenn sich die Substanz völlig in Wasser löst, wird eine wäßrige Lösung verwendet. Löst sie sich größtenteils in Wasser, und läßt sich der kleine, bleibende Rest oder die vorhandene Trübung durch einige Tropfen Chlorwasserstoffsäure oder Salpetersäure entfernen, so wird die so erhaltene, schwach sauere Lösung benutzt. Bleibt dagegen ein größerer Teil der Substanz wasserunlöslich, der jedoch in Säuren löslich ist, so untersucht man zweckmäßig die wäßrige und die sauere Lösung getrennt. Erstere stellt man sich durch mehrfaches Auskochen einer Substanzprobe mit Wasser, letztere durch Auflösen des Rückstandes in Säuren, her.

Schwer lösliches Bleichlorid, das an seiner charakteristischen Art, beim Abkühlen auszukristallisieren, erkannt wird, wird durch Kochen der, wenn nötig, verdünnten Flüssigkeit in Lösung gebracht.

Von Säuren verwendet man möglichst Chlorwasserstoffsäure; Salpetersäure werde benutzt, wenn mit Chlorwasserstoffsäure ein schwer löslicher oder unlöslicher Niederschlag entstehen würde, also, wenn Blei oder Silber zugegen sind. Man beachte, daß manche Substanzen sich erst bei längerem Kochen mit Säuren lösen.

Der Analytiker übe sich — wie schon einmal empfohlen —, mit möglichst wenig Substanz auszukommen. Die qualitativen Trennungs- und Erkennungsproben sind so scharf, daß — von solchen Fällen abgesehen, in denen eine geringe Beimengung erkannt werden soll — jedes Zuviel von Substanz eine Vergeudung an dieser und an den erforderlichen Reagenzien darstellt. Noch schlimmer ist aber die Zeitvergeudung, die durch ein sich dem präparativen Arbeiten näherndes Vorgehen verursacht wird, bei dem jedes Fällen, Filtrieren, Auswaschen sich über Gebühr verzögert. Hier liegt der Hauptfehler des jungen Analytikers.

Liegen Metalle oder Legierungen zur Analyse vor, so prüfe man zunächst, ob sie sich in Chlorwasserstoffsäure lösen; wenn nicht in Chlorwasserstoffsäure, ob sie sich in Salpetersäure lösen. Wenn auch dies nicht der Fall ist, erhitze man das fein verteilte Metall mit konzentrierter Salpetersäure auf dem Wasserbade, bis alle festen Metallstücke verschwunden sind: währenddessen entweichen rote Dämpfe, ein Zeichen dafür, daß eine Oxydation vor sich geht. Man dampfe schließlich fast zur Trockene und löse den Rückstand in Chlorwasserstoffsäure unter Erwärmen auf. Enthält die Substanz Silber, so wäre der Rückstand vor der Behandlung mit Chlorwasserstoffsäure mehrfach mit Wasser auszuziehen, und beide Lösungen bis vor Fällung mit Ammoniumsulfid getrennt zu verarbeiten. Unter Umständen löst man zweckmäßig gleich in Salpetersäure.

Stark zinn- und antimonhaltige Legierungen kann man auch so verarbeiten, daß man sie in der eben angegebenen Weise mit Salpetersäure oxydiert, den weißen Rückstand mit Wasser auszieht und den Rest (Oxyde von Zinn, Antimon und evtl. etwas Arsen) mit gelbem Ammoniumsulfid erwärmt oder mit Natriumsulfid schmelzt und die Schmelze mit Wasser auslaugt, wobei die genannten Metalle als Ammonium- bzw. Natriumsalze der entsprechenden Thiosäuren in Lösung gehen.

Beim Auflösen in Säuren ist auf eine etwaige Gasentwicklung Obacht zu geben; es kann entweichen

Kohlenstoffdioxyd: aus Carbonaten und Oxalaten; Oxalsäure kann in Gegenwart von Superoxyden usw. und Säuren völlig zu Kohlenstoffdioxyd oxydiert werden.

Wasserstoff: in Berührung einer Flamme am Verpuffen erkennbar. Wasserstoff, der aus kohlenstoffhaltigen Metallen mit Säuren entwickelt wird, zeigt einen charakteristischen Geruch.

Schwefelwasserstoff: aus Sulfiden.

Chlor: aus Chlorwasserstoffsäure in Gegenwart von oxydierenden Stoffen wie Superoxyden, Chromaten, Chloraten, Nitraten (bei Nitraten entstehen daneben niedere Stickstoffoxyde).

Schwefeldioxyd: aus Sulfiten, Thiosulfaten.

Brom, Jod: aus Bromiden, Jodiden in Gegenwart oxydierender Stoffe.

Stickstoffoxyde: Das Auftreten von niederen Oxyden des Stickstoffs beim Lösen einer Substanz in Salpetersäure deutet auf einen Oxydationsvorgang.

Phosphorwasserstoff: entstanden aus phosphorhaltigen Metalllegierungen (Phosphorbronzen, Phosphorkupfer usw.) beim Auflösen in verdünnter Salpetersäure oder in Chlorwasserstoffsäure. In der mit stärkerer Salpetersäure gewonnenen Lösung ist Phosphorsäure nachweisbar.

II. Aufschließen

Wenn die Substanz in Wasser und in Säuren ganz oder teilweise unlöslich ist, muß das Ungelöste „aufgeschlossen" werden. Unter Aufschließen versteht man die Überführung der unlöslichen Substanz in lösliche Verbindungen.

Eine für alle Fälle anwendbare Methode zum Aufschließen gibt es nicht; ebensowenig läßt sich ein „Gang" aufstellen, aus dem mit Sicherheit die zum Aufschließen geeignete Methode zu ersehen wäre; sie zu finden, erfordert Geschick und Erfahrung. Für einfache Fälle mögen einige Angaben genügen, welche die folgenden unlöslichen Stoffe berücksichtigen:

Sulfate der Erdalkalimetalle und des Bleis.

Silberhalogenide, Stannioxyd, komplexe Cyanverbindungen.

Fluoride, Silicate, Kieselsäure.

Geglühtes oder kristallisiertes Ferrioxyd, Aluminiumoxyd, Chromoxyd, Chromeisenstein usw.

Zunächst stelle man einige Vorproben mit dem nicht gelösten Teile der Substanz[1]) an. Und zwar:

---

[1]) Wenn die Substanz nichts in Wasser oder Säuren Lösliches enthält, ist eine Wiederholung der schon bei den allgemeinen Vorproben ausgeführten Versuche an dieser Stelle nicht mehr nötig; ist die Substanz aber nur zum Teile unlöslich, so stelle man mit dem ungelösten Teile alle oben genannten Proben an.

1. Phosphorsalz-Perle (vgl. Seite 11): man erkennt: *Kieselsäure, Chrom, Eisen.*

2. Fluor-Probe (vgl. Seite 12 Nr. 8): *Fluorwasserstoff.*

3. Ammoniumsulfid-Probe: Wird eine Spur Substanz beim Betupfen mit Ammoniumsulfid-Lösung schwarz, so ist die Gegenwart von *Blei* oder *Silber* wahrscheinlich; diese Probe läßt sich nur bei weißen oder hellgefärbten Substanzen ausführen.

4. Kohle-Soda-Stäbchen-Probe (vgl. Seite 11): a) *Metallkorn,* das beim Erwärmen mit konzentrierter Salpetersäure weißes, in Wasser unlösliches *Zinndioxydhydrat* oder wasserlösliches *Silbernitrat* (mit Chlorwasserstoffsäure fällt aus der Lösung Silberchlorid) oder *Bleinitrat* (mit Schwefelsäure fällt Bleisulfat) gibt. Mit einiger Vorsicht lassen sich diese Mikroreaktionen selbst mit sehr kleinen Metallkörnern sicher ausführen, wenn man den Tropfen ihrer Lösung auf einem Uhrglase verteilt und zu den Tröpfchen kleine Tropfen der Reagenzien mit einem Glasstabe bringt. b) Silbersulfid-Bildung auf Silbermünze oder Violettfärbung mit Natriumnitroprussid: *Schwefel-Verbindungen.*

Ergeben diese Vorproben die Anwesenheit von Silber, Blei, Zinn, so dürfen Platingefäße beim Aufschließen nicht benutzt werden.

Nach dem Ausfalle der angeführten Vorproben wählt man die zum Aufschließen geeignete Methode:

A. Erdalkalimetallsulfate werden feinst gepulvert, mit etwa der fünffachen Menge Natriumcarbonat gemengt und in einem Kästchen aus Platinblech in mehreren Anteilen geschmolzen, bis je kein Kohlenstoffdioxyd mehr entweicht, und die Schmelze vollkommen klar fließt; das Platinkästchen werde nur zur Hälfte gefüllt, damit die Schmelze nicht überschäume; es stehe während des Schmelzprozesses auf einem Tonröhrendreiecke. Man beachte oben Schlußsatz nach Nr. 4. Dann wird die Schmelze mit warmem Wasser gelöst; die Lösung wird abfiltriert, und Filter nebst Niederschlag sorgfältig mit Wasser ausgewaschen, bis einige gesondert aufgefangene Tropfen des Filtrats nach Ansäuern mit Chlorwasserstoffsäure auf Zusatz von Bariumchlorid keine Trübung mehr geben. Im Filtrate ist die Säure nachzuweisen; der Niederschlag enthält die an Schwefelsäure gebunden gewesenen Metalle als Carbonate.

B. Silicate und Kieselsäure werden zunächst aufs feinste gepulvert, bis ein wenig des Pulvers beim Reiben zwischen den Fingerspitzen nicht mehr knirscht.

1. Manche Silicate (z. B. Zeolithe, Bleigläser) lassen sich durch längere Einwirkung von konzentrierter Chlorwasserstoffsäure in der Weise aufschließen, daß die Metalle als Chloride sich lösen, und nur Kieselsäure zurückbleibt; letztere muß sich — als Zeichen der voll-

ständigen Zersetzung — in Natriumhydroxyd-Lösung völlig auflösen lassen. Wichtig ist, daß die Substanz aufs feinste gepulvert ist. Am besten läßt man das Mineralpulver mit konzentrierter Chlorwasserstoffsäure über Nacht in einer bedeckten Abdampfschale oder in einem verstopften Probierglase stehen, dampft am nächsten Morgen auf einem Wasserbade zur Trockene, befeuchtet den Rückstand mit wenigen Tropfen konzentrierter Chlorwasserstoffsäure und übergießt mit heißem Wasser. Dies ist die bequemste Methode, ein Silicat aufzuschließen und, wenn irgend möglich, immer anzuwenden.

2. Wenn das Silicat aber durch Chlorwasserstoffsäure nicht zerlegt wird, so schmelzt man es mit etwa dem Fünffachen an Natriumcarbonat im Platinkästchen. Man löst die Schmelze nach dem Abkühlen mit Wasser, säuert mit Chlorwasserstoffsäure stark an und dampft auf dem Wasser- oder Sandbade zur Trockene. Den vollkommen trockenen Rückstand raucht man mit etwas konzentrierter Chlorwasserstoffsäure auf dem Wasserbade ab, befeuchtet die Salzmasse mit wenig konzentrierter Chlorwasserstoffsäure und bringt sie mit heißem Wasser zur Lösung. Ungelöst bleibt die Kieselsäure.

Zur Prüfung auf Alkalimetalle muß ein zweiter Aufschluß gemacht werden. Man mischt eine Probe der fein gepulverten Substanz im Platintiegel mit Fluorwasserstoffsäure und einigen Tropfen konzentrierter Schwefelsäure und raucht unter einem für Arbeiten mit Fluorwasserstoff bestimmten Abzuge auf einem Sandbade sehr langsam ab. Den Rückstand raucht man in gleicher Weise noch einmal ab, glüht den Rest gelind und kocht mit Wasser aus. Das Filtrat wird mit Bariumhydroxyd-Lösung eben alkalisch gemacht, filtriert und durch Ammoniak und Ammoniumcarbonat-Lösung von Barium befreit. Es wird wieder filtriert, das Filtrat eingedampft, und der Rückstand durch Glühen von Ammoniumsalzen völlig befreit. Der Rest dient zur Prüfung auf Alkalimetalle.

C. Silberhalogenide, Bleisulfat, Stannioxyd.[1]) Diese Verbindungen werden durch Schmelzen mit etwa dem Vierfachen von Natriumcarbonat aufgeschlossen, und die Schmelze ganz ebenso behandelt, wie bei den Erdalkalimetallsulfaten angegeben ist. Nur darf kein Platingefäß angewendet werden, sondern ein Porzellantiegel, der bei der Schmelze

---

[1]) Kristallisiertes Stannioxyd (Zinnstein) wird durch Schmelzen mit Alkalimetallcarbonaten nur langsam angegriffen. Besser schmelzt man das fein gepulverte Mineral im Porzellantiegel mit etwa der sechsfachen Masse Natriumsulfid und etwas Schwefel über der kleinen Flamme eines Bunsenbrenners, wobei Zinn als Natriumthiostannat in eine wasserlösliche Verbindung übergeht. Ungelöst bleiben beim Aufnehmen der Schmelze in Wasser die Sulfide anderer Metalle, die zur weiteren Untersuchung in konzentrierter Salpetersäure aufgelöst werden. In ähnlicher Weise schließt man einige sonst nur schwer zu lösende Antimon-Verbindungen und kristallisierte Arsensulfide auf; Auripigment löst sich schon in kochender Natriumhydroxyd-Lösung.

allerdings etwas angegriffen wird. Die Metalle sind als solche in Körnchenform in der Schmelze enthalten; Zinn ist als Stannat, Blei zum Teile als Natriumplumbit gelöst vorhanden. Man nimmt die Schmelze mit Wasser auf, filtriert und wäscht das Ungelöste sorgfältig mit Wasser aus. Alsdann löst man es in Salpetersäure und prüft auf die Metalle. Das Filtrat prüft man auf Säuren, auf Zinn, und einen kleinen Teil auf Blei.

D. Fluoride. Man pulvert die Fluoride möglichst fein und erhitzt sie in einem Platintiegel mit etwas konzentrierter Schwefelsäure langsam über einer kleinen, freien Flamme, oder besser im Nickelluftbade, bis der Rückstand nur noch schwach feucht ist. In den fortgehenden Dämpfen weise man Fluorwasserstoff durch seine glasätzende Wirkung nach oder prüfe, wenn auch Kieselsäure vorhanden ist, mit einem feuchten Glasstabe auf Siliciumfluorid.

Der Sulfat-Rückstand wird mit Wasser ausgekocht, und die Lösung auf Metalle (Aluminium, Kalium, Natrium usw.) geprüft; ungelöst können Erdalkalimetallsulfate bleiben, die nun durch Schmelzen mit Natriumcarbonat aufzuschließen wären.

E. Dunkelgefärbte Oxyde, wie geglühtes oder kristallisiertes Ferrioxyd, Chromioxyd, Chromeisenstein[1]) und Aluminiumoxyd, werden äußerst fein gepulvert, wozu eine Achatreibschale nötig ist, und mit Kaliumpyrosulfat aufgeschlossen; zu diesem Zwecke erhitzt man die etwa achtfache Menge Kaliumhydrosulfat in einem Porzellan- oder Platintiegel gelind, bis die Masse nicht mehr schäumt, läßt erstarren, gibt das aufzuschließende Oxyd auf die Schmelze und erhitzt bei sehr langsam steigender Temperatur, bis eine klare Schmelze entstanden ist. Man lasse den Tiegel unter gelindem Umschwenken erkalten, damit die Schmelze in dünner Schicht fest werde. Die erkaltete Schmelze löst man mit Wasser auf.

Auch nach dieser Methode lassen sich die genannten Oxyde nur langsam und — in einer Operation — meist nicht vollkommen in Lösung bringen.

Zur Aufschließung dieser Oxyde kann man statt Kaliumpyrosulfat auch Ammoniumfluorid verwenden. Man erhitzt das fein gepulverte Oxyd in einem Platintiegel im Luftbade so lange mit der sechs- bis achtfachen Menge Ammoniumfluorid, bis das Ammoniumfluorid verjagt ist, raucht dann mit etwas konzentrierter Schwefelsäure ab, befeuchtet den Rückstand mit konzentrierter Chlorwasserstoffsäure und löst mit heißem

[1]) Chromeisenstein wird am bequemsten durch Schmelzen mit Natriumcarbonat und Zugabe von Natriumsuperoxyd zur geschmolzenen Masse im Porzellantiegel aufgeschlossen.

Wasser auf. Selbst Chromeisenstein kann so — wenn auch nicht in einer Operation völlig — aufgeschlossen werden.

F. Cyanide. Die unlöslichen Salze der Eisen-, Kobalt- usw. -cyanwasserstoffsäuren werden durch Kochen mit Natriumcarbonat-Lösung zerlegt, wobei die komplexen Säuren als Natriumsalze in Lösung gehen, während das an sie gebundene Metall als Carbonat ungelöst bleibt.

Oder man zerlegt die Substanz durch Erhitzen mit konzentrierter Schwefelsäure, raucht den Überschuß bis fast zur Trockene ab und löst die Sulfate mit Wasser auf. In der Lösung findet man die im komplexen Säurereste enthaltenen Metalle (Metall des Anions) neben den mit dem Säurereste zu Salzen verbundenen Metallen (Kation). Sollten sich dabei unlösliche Sulfate bilden, so wären diese ihrerseits in üblicher Weise aufzuschließen. Sehr widerstandsfähige komplexe Cyanverbindungen kann man auch durch Erhitzen mit verdünnter Salpetersäure unter Zugabe von etwas Ammoniumpersulfat aufschließen.

Zur völligen Aufklärung der komplexen Verbindung wird man jedesmal beide Methoden der Aufschließung verbinden müssen: die zweite Methode ergibt alle überhaupt vorhandenen Metalle; die erste läßt erkennen, welche der Metalle im komplexen Säurereste enthalten sind.

G. Manche unlösliche Substanzen erkennt man an charakteristischen Eigenschaften, wie Kohlenstoff, Schwefel, roten Phosphor. Sie lassen sich verbrennen; die beiden letzteren lösen sich bei längerem Erwärmen mit konzentrierter Salpetersäure, namentlich nach Zugabe einiger Tropfen Brom, und werden durch ihre Oxydationsprodukte festgestellt.

Prüfung auf Metalle

Die Prüfung auf Metalle wird in der Weise vorgenommen, daß die Metalle durch sogenannte „Gruppenreagenzien" gruppenweise ausgefällt werden. Dadurch hat man den Vorteil, zu wissen, daß beim Ausbleiben einer Gruppenreaktion auch kein einziges von den Metallen der betreffenden Gruppe vorhanden ist. Die Gruppenreagenzien und die durch sie ausfällbaren Metalle seien im folgenden zusammengestellt.

1. Chlorwasserstoffsäure[1]) fällt: Silber, Blei, einwertiges Quecksilber.[2])

2. Schwefelwasserstoff in sauerer Lösung fällt: Blei, Wismut, Kupfer, Cadmium, Quecksilber; Arsen, Antimon, Zinn.

3. Ammoniumsulfid in ammoniakalischer Lösung fällt: Eisen, Aluminium, Chrom; Mangan, Zink; Kobalt, Nickel, ferner Phosphate oder Oxalate von Calcium, Strontium, Barium und schließlich Magnesium als Ammoniummagnesiumphosphat.

4. Ammoniumcarbonat in alkalischer Lösung fällt: Calcium, Strontium, Barium.

5. Nicht gefällt werden Magnesium, Kalium, Natrium; man findet sie in der durch die genannten Gruppenreagenzien von den übrigen Metallen befreiten Lösung.

Man kann sich die Arbeit dadurch erleichtern, daß man zunächst mit einer Probe der Substanz-Lösung feststellt, ob, bzw. welches der einzelnen Gruppenreagenzien einen Niederschlag gibt; und erst, wenn ein solcher entsteht, die zurückbehaltene Hauptmenge mit dem Gruppenreagens ausfällt.

---

[1]) Wenn zur Auflösung der Substanz Chlorwasserstoffsäure verwendet und damit eine klare Lösung erreicht worden ist, so kann die Lösung keine Silber- und Mercuroverbindungen und höchstens ein wenig von Bleiverbindungen enthalten, das sich dann in der Schwefelwasserstoffgruppe finden würde. Die Fällung mit Chlorwasserstoffsäure wird dann natürlich weggelassen.

[2]) Das in der Mercuriform vorhandene Quecksilber fällt erst in der zweiten Gruppe mit Schwefelwasserstoff aus.

Chlorwasserstoffgruppe

Pb; Ag; Hg

Man setze zur zimmerwarmen Lösung der Substanz im Erlenmeyer-Kölbchen einige Tropfen Chlorwasserstoffsäure. Wenn ein Niederschlag ausfällt, der aus Silberchlorid, Bleichlorid[1]), Mercurochlorid bestehen könnte, so gebe man weiter Chlorwasserstoffsäure zur Lösung, bis alles Ausfällbare ausgefällt ist, koche auf und lasse unter der Wasserleitung bei Umschwenken abkühlen. Ein wesentlich größerer Überschuß an Säure ist zu vermeiden, da er vor dem Ausfällen späterer Gruppen durch Ammoniak neutralisiert werden müßte, wobei sich unnötig große und störende Massen von Ammoniumsalzen bilden würden.

Man filtriere den etwa entstandenen Niederschlag ab und wasche ihn drei- bis viermal mit kaltem, destilliertem Wasser aus, wobei man nur den ersten Anteil Waschwasser zu dem Filtrate fließen läßt, die übrigen aber getrennt auffängt und weggießt, um das Filtrat durch sie nicht zu stark zu verdünnen.

Den ausgewaschenen Niederschlag spritze man mit destilliertem Wasser vom Filter in ein Becherglas und erhitze zum Kochen; dabei geht das Bleichlorid in Lösung, während Silberchlorid und Mercurochlorid ungelöst bleiben. Man filtriere die heiße Flüssigkeit. Kristallisiert schon während des Filtrierens gelöstes Bleichlorid aus, so hatte man zum Auflösen zu wenig Wasser genommen; man muß dann den Rückstand nochmals mit etwas Wasser auskochen. Das Ungelöste wäscht man schließlich mit destilliertem Wasser, das man in einem Probierglase zum Sieden erhitzt hat, aus.

Blei Aus dem Filtrate kristallisiert das *Bleichlorid* beim Abkühlen in charakteristischen, glitzernden Nädelchen aus. Beim Einleiten von Schwefelwasserstoff in die Lösung fällt schwarzbraunes Bleisulfid.

Identitätsprüfung des Bleis: Charakteristisch ist die Kristallisationsfähigkeit des Chlorids. Man erhitze eine Probe des

[1]) Da Bleichlorid auch in kaltem Wasser etwas löslich ist, fällt nur ein Teil des Bleis mit Chlorwasserstoffsäure aus, während der Rest erst in der nächsten Gruppe gefunden wird. Enthält die Substanz nur sehr wenig Blei, so fällt auf Chlorwasserstoff-Zusatz überhaupt nichts oder nur sehr wenig aus. In letzterem Falle ist es zweckmäßig, die geringe Bleichlorid-Fällung nicht erst abzufiltrieren, sondern durch gelindes Erwärmen in Lösung zu bringen, und die Gesamtmenge Blei in der Schwefelwasserstoff-Gruppe nachzuweisen.

Bleichlorids am Kohle-Soda-Stäbchen, wobei ein Bleikügelchen entsteht, das weich ist und auf Papier abfärbt. Eine weitere Probe Bleichlorid löse man in heißem Wasser und versetze mit etwas verdünnter Schwefelsäure: es scheidet sich feinpulveriges, weißes Bleisulfat ab.

Der ausgewaschene Rückstand werde in ein Schälchen geklatscht oder mit einem Spatel hineingebracht und mit Ammoniak-Lösung übergossen. Dabei geht *Silber* als Silberammoniakchlorid in Lösung. Silber
Man filtriere. Der letzte Absatz der unten folgenden Bemerkungen ist zu beachten.

Identitätsprüfung des Silbers: Eine Probe des Filtrates säuere man mit Chlorwasserstoffsäure schwach an; es scheidet sich weißes, beim Umschütteln sich flockig zusammenballendes Silberchlorid aus; beim Abfiltrieren färbt es sich am Lichte langsam dunkel. Auf Zusatz von Ammoniumsulfid wird es schwarz.

In Ammoniak-Lösung bleibt ungelöst *Mercurochlorid*, geht aber in einen schwarzen, quecksilberhaltigen Niederschlag über. Quecksilber

Identitätsprüfung des Quecksilbers: Man filtriere den schwarzen Niederschlag ab, wasche ihn mit Wasser aus und trockene ihn. Beim Glühen mit etwas trockenem Natriumcyanid- und Natriumcarbonat-Pulver im einseitig geschlossenen Glasröhrchen destilliert Quecksilber in den kälteren Teil des Rohres.

Oder man löse den schwarzen Niederschlag durch Kochen mit möglichst wenig konzentrierter Salpetersäure, verdünne mit Wasser und filtriere. Der hierbei bleibende Rückstand kann Silberchlorid enthalten und ist darauf zu prüfen. Eine Probe des Filtrates gibt mit nicht zu wenig Stannochlorid-Lösung eine weiße Ausscheidung von Mercurochlorid, oder eine graue von feinst verteiltem, teils kolloïdem Quecksilber. Eine zweite Probe werde mit einer Spur Kaliumjodid-Lösung versetzt, worauf gelbes oder rotes, mit einem Kaliumjodid-Überschusse sich lösendes Mercurijodid ausfällt. Die Lösung von Kaliummercurijodid färbt sich nach Zugabe von Natriumhydroxyd-Lösung mit Ammoniumsalzen braun und gibt einen braunroten Niederschlag.

Bemerkungen zur Chlorwasserstoffgruppe

Entweicht beim Ansäuern der wäßrigen, alkalisch reagierenden Lösung der Substanz Schwefelwasserstoff, und scheidet sich weißer Schwefel fein verteilt aus, so liegt ein Sulfid bzw. Polysulfid vor. Tritt neben Schwefelwasserstoff ein farbiger Niederschlag auf, so können Salze von Thiosäuren des Arsens, Antimons oder Zinns vorliegen, die beim Ansäuern unter Abscheidung der entsprechenden Sulfide zerfallen; man untersuche den Niederschlag nach der Methode, nach welcher der in Ammoniumsulfid-Lösung lösliche Teil der Schwefelwasserstoff-Gruppe untersucht wird (vgl. Seite 29).

Wenn beim Ansäuern der wäßrigen Substanz-Lösung mit Chlorwasserstoffsäure Schwefeldioxyd entweicht, und eine weiße Abscheidung oder Trübung von Schwefel auftritt, so ist auf ein Thiosulfat zu schließen.

Wenn sich beim Ansäuern der Geruch nach Cyanwasserstoff — namentlich beim Erwärmen — bemerkbar macht, und eine Fällung auftritt, so können wasserlösliche Salze komplexer Metallcyanwasserstoffsäuren z. B. $K_2[Cd(CN)_4]$ vorliegen, die sich beim Ansäuern unter Abscheidung von Metallcyaniden, z. B. $Cd(CN)_2$ zerlegen. Man kocht dann nach Zusatz von mehr Chlorwasserstoffsäure, bis sich die ausgefallenen Cyanide zu Chloriden umgesetzt und gelöst haben, läßt erkalten und prüft den etwa gebliebenen Rückstand in der angeführten Weise auf Silber, Blei, Quecksilber. Das Filtrat wird in üblicher Weise auf die übrigen Metalle untersucht.

Auch kann sich beim Ansäuern einer alkalisch reagierenden, wäßrigen Lösung Kieselsäure gallertartig ausscheiden, auf die man übrigens bei den Vorprüfungen schon aufmerksam geworden sein wird. In diesem Falle säuert man stärker an, dampft in einer Abdampfschale, zuletzt auf dem Wasserbade, zur Trockene, befeuchtet den Rückstand mit wenig konzentrierter Chlorwasserstoffsäure und raucht nochmals auf dem Wasserbade zur Trockene ab. Den jetzt gebliebenen Rückstand befeuchtet man mit konzentrierter Chlorwasserstoffsäure, verdünnt mit heißem Wasser und filtriert ab. Die Kieselsäure bleibt auf dem Filter zurück und wird durch Betupfen mit Ammoniumsulfid auf etwa vorhandene, schwerlösliche Metallchloride geprüft.

Beim Ansäuern mit Chlorwasserstoffsäure können eventuell auch Antimonoxyde aus ihren Alkalimetalldoppelsalzen (Antimonylkaliumtartrat) fallen; diese lösen sich bei stärkerem Ansäuern wieder auf. Auch kann sich Borsäure oder Kieselsäure abscheiden, auf die man durch die Vorprüfungen aufmerksam geworden sein wird; sie wird abfiltriert und für sich untersucht.

Enthält der Chlorid-Niederschlag neben viel Quecksilber nur wenig Silber, so kann es vorkommen, daß Ammoniak nichts davon löst. Man findet das Silber beim Lösen des schwarzen Rückstandes durch Salpetersäure oder Bromwasser, wobei es als Halogenid ungelöst bleibt.

Schwefelwasserstoffgruppe

Pb; Bi; Cu; Cd; Hg; — As; Sb; Sn

Aus dem Filtrate von der Chlorwasserstoffgruppe oder, wenn mit Chlorwasserstoff kein Niederschlag entstanden ist, aus der durch einige Tropfen Chlorwasserstoffsäure angesäuerten Lösung werden durch Einleiten von Schwefelwasserstoffgas die Elemente Blei, Wismut, Kupfer, Cadmium, zweiwertiges Quecksilber, Arsen, Antimon, Zinn gefällt. Bei dieser Fällung muß die Lösung angesäuert sein, da aus neutraler Lösung teilweise auch Zink, Kobalt, Nickel ausfallen, Arsen als kolloïdes Arsentrisulfid in Lösung bleiben würde; anderseits darf die Lösung nicht zu stark sauer sein, weil sonst Cadmium, Zinn, Antimon nur unvollständig ausfallen würden. Auch darf die Lösung nicht größere Mengen von Salpetersäure enthalten, weil diese das eingeleitete Schwefelwasserstoffgas unter reichlicher Schwefelabscheidung oxydieren würde. Zweckmäßig ist es, nach Abscheidung der Hauptmenge Niederschlag zu verdünnen und ohne vorherige Filtration weiter Schwefelwasserstoff einzuleiten.

Vor dem Ausfällen mit Schwefelwasserstoffgas müssen stark salpetersäurehaltige oder stark chlorwasserstoffhaltige Flüssigkeiten zunächst mit freier Flamme, gegen Ende auf dem Wasserbade, fast zur Trockene eingedampft, und der Rückstand eventuell unter Zugabe von etwas Chlorwasserstoffsäure in Wasser gelöst werden. Die Lösung sei so weit mit Wasser verdünnt, daß der Gehalt an freier Säure zwei bis drei Prozent nicht überschreite. Sollte beim Verdünnen der zunächst klaren Lösung eine weiße Trübung (basische Antimon- oder Wismutsalze) entstehen, so bemühe man sich nicht, diese Trübung durch erneuten Säurezusatz wieder zu entfernen, da sie sich ebenso wie die gelösten Salze mit Schwefelwasserstoff umsetzt.

Die so vorbereitete Lösung (vgl. Nr. 1 auf Seite 31) werde bis zur Sättigung mit Schwefelwasserstoffgas[1]) behandelt. Bleibt die Lösung dabei klar, oder trübt sie sich nur schwach durch Ausscheidung von etwas Schwefel, so sind keine Metalle der Schwefelwasserstoffgruppe zugegen. Entsteht ein Niederschlag, so filtriere man ihn ab und wasche ihn etwa drei- bis viermal mit destilliertem Wasser aus. Das durch das Waschwasser verdünnte Filtrat erwärme man auf 60—70^0 und leite noch einmal Schwefelwasserstoffgas ein, um festzustellen, ob alles Ausfällbare wirklich ausgefällt ist; man wiederhole das Filtrieren, Auswaschen und Schwefelwasserstoff-Einleiten nochmals, falls beim zweiten Behandeln mit Schwefelwasserstoff ein neuer Niederschlag entstanden sein sollte. Namentlich wenn Arsensäure oder wenn neben Jodiden Cadmiumsalze gleichzeitig in der Lösung enthalten sind, ist ein mehrfaches Ausfällen nötig. Die späteren Niederschläge sammele man zweckmäßig auf einem zweiten Filter getrennt von dem Haupt-

[1]) Neuerdings wird wieder sehr eindringlich die Verwendung von Schwefelwasserstoffwasser empfohlen.

Niederschlage, um schneller filtrieren zu können und nicht die Gesamtmasse des Niederschlages nochmals auswaschen zu müssen. Zur weiteren Untersuchung vereinige man diese Niederschläge.

Auf jeden Fall muß alles mit Schwefelwasserstoff überhaupt Ausfällbare auch wirklich aus der Lösung abgeschieden werden, weil sonst in den folgenden Gruppen störende Komplikationen auftreten.

Man klatsche den ausgewaschenen Schwefelwasserstoff-Niederschlag in ein Abdampfschälchen und übergieße ihn sofort mit so viel gelber Ammoniumsulfid-Lösung, daß ein nicht zu dünner Brei entsteht. Man erwärme die Mischung während etwa fünf bis zehn Minuten auf höchstens 50°, wobei die Sulfide von Arsen, Antimon, Zinn als Ammoniumsalze der entsprechenden Thiosäuren $(NH_4)_3AsS_4$; $(NH_4)_3SbS_4$; $(NH_4)_2SnS_3$ in Lösung gehen. Erwärmt man die Mischung nicht oder nur zu kurze Zeit oder verwendet man ein farbloses, also von Polysulfiden freies Ammoniumsulfid, so löst sich nicht alles Zinnsulfid; nämlich nicht, soweit es als Stannosulfid vorliegt, auf.

Man filtriere und wasche vier- bis fünfmal mit Wasser aus, wobei man das durchlaufende Waschwasser zu dem Filtrate fließen läßt, so daß es auf das Doppelte bis Dreifache verdünnt werde. Der auf dem Filter bleibende ungelöste Anteil kann die Sulfide von Blei, Wismut, Kupfer, Cadmium, Quecksilber, das Filtrat die Ammoniumsalze der Thiosäuren von Arsen, Antimon und Zinn enthalten.

Trennung der in Ammoniumsulfid unlöslichen Sulfide

Pb; Bi; Cu; Cd; Hg

Man klatsche die in Ammoniumsulfid-Lösung unlöslichen Sulfide gleich nach dem Auswaschen[1]) in ein Abdampfschälchen und erwärme sie mit etwas verdünnter Salpetersäure, der knapp der halbe Raumteil konzentrierter Salpetersäure[2]) zugesetzt ist, so daß die Mischung etwa zwanzigprozentig ist, einige Minuten hindurch schwach — auf keinen Fall aber bis zum Kochen. Dann verdünne man mit Wasser auf das doppelte Raummaß und filtriere heiß. Das Filtrat enthält alle vorhandenen Metalle mit Ausnahme des Quecksilbers als Nitrate; Quecksilber bleibt als schwarzes Sulfid oder als graues oder weißes Mercurisulfidnitrat, $Hg_3(NO_3)_2S_2$, ungelöst. Außerdem bleibt meist etwas Schwefel, der oft zu Tröpfchen zusammenschmilzt und geringe Reste von Sulfiden eingeschlossen halten kann, zurück; auch kann, wenn Blei vorliegt — namentlich dann, wenn eine zu konzentrierte Salpetersäure benutzt worden ist, oder wenn man zu lange erhitzt hat — etwas Bleisulfat, das sich durch Oxydation des Sulfids mit Salpetersäure gebildet hat, ungelöst bleiben.

---

[1]) Ließe man den feuchten Sulfid-Niederschlag bis zum folgenden Tage stehen, so würden sich die Sulfide zum Teile zu Sulfaten oxydieren; etwa vorhandenes Blei würde dann — wenigstens zum Teile — als Sulfat beim Quecksilber bleiben.

[2]) Man vergesse nicht, die Salpetersäure auf einen etwaigen Gehalt an Chlorwasserstoff zu prüfen; selbst eine geringe Verunreinigung mit Chlorwasserstoff würde Lösung des Mercurisulfids bewirken.

Die Nitrat-Lösung [$Pb(NO_3)_2$; $Bi(NO_3)_3$; $Cu(NO_3)_2$; $Cd(NO_3)_2$] versetze man mit vier bis zehn Kubikzentimetern — je nach der Masse des in Lösung gegangenen Sulfids — verdünnter Schwefelsäure und dampfe mit freier, zuletzt recht niedrig zu haltender Flamme auf einen kleinen Raum ein, wobei gegen Schluß dichte, weiße Dämpfe von Schwefelsäure auftreten müssen, ein Zeichen dafür, daß jetzt die Salpetersäure verjagt ist. Man verdünne nach dem Abkühlen etwas mit Wasser und filtriere die dabei wieder warm gewordene Mischung. Ungelöst bleibt weißes *Bleisulfat*, das in der von Salpetersäure befreiten Lösung so gut wie unlöslich ist. Blei

Identitätsprüfungen des Bleis: Man stelle am Kohle-Soda-Stäbchen ein Bleikügelchen her, das weich sein und auf Papier abfärben muß. Eine weitere Probe Bleisulfat löse man in einigen Tropfen Weinsäure-Lösung und einem Ammoniak-Überschusse auf; dann säuere man mit Essigsäure an und fälle das Blei durch Kaliumchromat-Lösung als gelbrotes Bleichromat aus.

Das Filtrat vom Bleisulfate werde warm mit Ammoniak-Lösung alkalisch gemacht (Probe mit Lackmuspapier). Ein jetzt ausfallender, weißer[1]) Niederschlag kann aus *Wismutoxydhydrat* bestehen. Auch wenn kein Niederschlag zu erkennen ist, filtriere man ab, wasche das Filter sorgfältig mit Wasser aus und prüfe auf Wismut. Wismut

Identitätsprüfung des Wismuts: Das Filter wird mit Natriumstannit-Lösung befeuchtet, die durch Versetzen einiger Tropfen Stannochlorid-Lösung mit starker Natriumhydroxyd-Lösung bis zum Lösen des zunächst abgeschiedenen Stannohydroxyds bereitet ist. Dunkelbraun- bis Schwarzfärbung, die namentlich in der Filterspitze deutlich ist, erweist Wismut.

Das ammoniakalische Filtrat vom Wismutoxydhydrate ist blau gefärbt, wenn Kupfer zugegen ist; farblos, wenn Kupfer fehlt. Im letzteren Falle wird es durch Einleiten von Schwefelwasserstoff auf Cadmium geprüft; im ersteren setze man so lange frisch bereitete Natriumcyanid-Lösung hinzu, bis ein zuerst etwa entstandener Niederschlag sich gelöst hat, und die blaue Farbe verschwunden ist wobei sich das Natriumsalz der Cuprocyanwasserstoffsäure $Na_2[Cu(CN)_3]$ und eventuell der Cadmiumcyanwasserstoffsäure $Na_2[Cd(CN)_4]$ bildet. Wenn man jetzt die Flüssigkeit mit Schwefelwasserstoffgas sättigt, fällt gelbes, oft durch Verunreinigung mit Resten anderer Sulfide oder durch Rubeanwasserstoff etwas dunkler gefärbtes *Cadmiumsulfid* aus. Man filtriere es ab. Cadmium

Identitätsprüfung des Cadmiums: Charakteristisch ist für Cadmium die gelbe Farbe des in Ammoniumsulfid-Lösung unlöslichen Sulfids. Ferner, daß es selbst wie seine Verbindungen beim Erhitzen mit der Lötrohrflamme auf Kohle einen braunen Beschlag gibt. Es ist dringend nötig, diese Identitätsprobe auf Cadmium anzustellen,

[1]) Der Niederschlag enthält zuweilen Ferrioxydhydrat oder besteht nur aus ihm und sieht dann bräunlich aus.

da bei der Analyse kupferhaltiger Substanzen an Stelle des Cadmiumsulfids ein flockiger, rötlicher oder bräunlicher Niederschlag ausfallen kann, der aus Rubeanwasserstoff $C_2H_4N_2S_2$ besteht. Dieser Stoff bildet sich durch Anlagerung zweier Molekeln Schwefelwasserstoff an das beim Übergange von Cupricyanid in Cuprocyanid frei werdende Cyan C_2N_2.

Zur Isolierung des Kupfers aus dem Filtrate von der Cadmiumsulfid-Fällung — zum Nachweise genügt schon die charakteristische Blaufärbung, die die Lösung auf Zusatz von Ammoniak angenommen hat — säuere man die Lösung mit konzentrierter Salpetersäure stark an und dampfe sie unter dem Abzuge in einer Porzellanschale mit freier Flamme auf einen kleinen Raum ein; dabei tritt bald Grünfärbung auf. Den etwa 1 cm³ betragenden noch flüssigen Rückstand löse man in Kupfer Wasser auf, und fälle das *Kupfer* als Hydroxyd mit Natriumhydroxydlösung oder verwende die Lösung zur Identitätsprüfung.

Identitätsprüfung des Kupfers: Die blaugrüne Farbe der Cuprisalz-Lösungen, die auf Zusatz von Ammoniak-Lösung in das Tiefdunkelblau der Tetrammincuprisalz-Lösungen umschlägt, genügt zur Charakterisierung des Kupfers.

Als Identitäts- und Fällungsreaktion für sehr geringe Mengen Kupfer empfiehlt sich die folgende Probe: man übersättige die sauere Lösung schwach mit Ammoniak-Lösung, mache durch Zusatz einiger Tropfen Essigsäure wieder sauer und gebe etwas Kaliumferrocyanid-Lösung hinzu; wenn auch nur Spuren von Kupfer zugegen sind, färbt sich die Lösung sofort braunrot; und bald fällt ein feinflockiger Niederschlag von Cupriferrocyanid aus.

Der in Salpetersäure nicht gelöste Rest, der Quecksilber enthalten kann, werde mit einem Spatel vom Filter geschabt, wobei ein Mitreißen von Filterfasern meist nicht zu vermeiden ist, und in eine Abdampfschale gebracht. Er werde in wenig konzentrierter Salzsäure und einigen Tropfen konzentrierter Salpetersäure gelöst. Die Lösung werde verdünnt filtriert, aufgekocht und mit starker Natronlauge alkalisch gemacht; ein Teil werde mit einigen Tropfen Kaliumjodid-Lösung und schließlich mit etwas Ammoniak-Lösung versetzt. Eine Bräunung („umgekehrte Nesslersche Reaktion") zeigt Quecksilber an.

Identitätsprüfung des Quecksilbers: Die eben erwähnte Probe ist sehr charakteristisch. Eine weitere Probe der salzsaueren Lösung werde mit Stannochlorid-Lösung versetzt. Es scheidet sich weißes Mercurochlorid ab, das mit einem Überschusse von Stannochlorid in einen grauen Schlamm von Quecksilber übergeht. Zum weiteren Nachweise dampfe man den Rest der Lösung zuerst auf freier Flamme, später auf dem Wasserbade zur Trockene, damit alle freie Säure entfernt werde, nehme den Rückstand mit wenig Wasser auf und bringe die Lösung auf ein blankes Stück Kupfer; dies wird nach einiger Zeit durch Verquickung silberweiß erscheinen.

Trennung der in Ammoniumsulfid-Lösung löslichen Sulfide

As; Sb; Sn

Das ammoniumsulfid-haltige Filtrat, das Arsen, Antimon und Zinn als Ammoniumsalze ihrer Thiosäuren enthalten kann, werde in einem Erlenmeyer-Kölbchen unter dem Abzuge langsam mit verdünnter Schwefelsäure[1]) versetzt, bis die Lösung sauer reagiert. Dabei entweicht reichlich Schwefelwasserstoff, und Schwefel scheidet sich in feiner Verteilung ab. Entsteht nur eine schmutzig hellgelbe Trübung oder ein weißer Niederschlag, so sind größere Mengen der genannten Elemente nicht vorhanden.

Zur sicheren Prüfung, ob bei hellem Niederschlage nicht etwa kleine Teile von Arsen- oder Zinnsulfid durch den Schwefel-Niederschlag verdeckt sind, setze man zu dem Gemische zwei bis drei Tropfen Brom und erhitze bis fast zum Kochen; dadurch wird der ausgeschiedene Schwefel zu Schwefelsäure oxydiert und geht, wie die mit ihm ausgeschiedenen Sulfide, in Lösung. Wenn nötig, wird noch etwas Brom nachgegeben. Dann wird zur Entfernung des überschüssigen Broms gekocht, und in die warme, klare Lösung wenigstens zehn Minuten lang Schwefelwasserstoff geleitet. Tritt keine Fällung ein, so ist sicher keines der zu suchenden drei Elemente vorhanden.

Ist eine mehr oder weniger (gelb oder rot oder braun)[2]) gefärbte Fällung entstanden, so muß auf die genannten Elemente geprüft werden. Die Fällung wird abfiltriert und ausgewaschen; Filtrat und Waschwasser werden weggegossen, der Niederschlag in eine Abdampfschale geklatscht[3]) und mit konzentrierter Chlorwasserstoffsäure unter dem Abzuge erwärmt. Arsensulfide und Schwefel bleiben ungelöst; Antimon und Zinn gehen als Antimonpentachlorid und Zinntetrachlorid bzw. deren Umsetzungsprodukte in Lösung.[4]) Man verdünne, filtriere in eine Abdampfschale und dampfe nach Zusatz einiger Kriställchen Natriumchlorid auf einen kleinen Raum ein.

Zur Vorprobe auf Antimon kann man einen Tropfen der Lösung auf ein blankes Platinblech bringen, und ein Stückchen reines Zink hineinlegen. Entsteht dabei ein am Platin fest haftender, schwarzer Fleck, so ist Antimon vorhanden.

---

[1]) Man gieße die verdünnte Schwefelsäure nicht aus der Vorratsflasche, sondern aus einem Probierglase, damit der Vorrat nicht durch Schwefelwasserstoff, der bei der Umsetzung reichlich entweicht, verunreinigt werde.

[2]) Eine Braunfärbung kann durch Cuprisulfidspuren erzeugt sein, da Cuprisulfid in Ammoniumpolysulfiden nicht ganz unlöslich ist.

[3]) Um den Niederschlag möglichst zu trocknen, lege man das ausgebreitete Filter vor dem Abklatschen zunächst auf einige Filtrierpapierreste, die binnen wenigen Minuten durch das Filter hindurch reichlich Wasser aus dem Niederschlage aufsaugen.

[4]) Das etwa vorhandene Kupfer würde auch in Lösung gehen und könnte beim Alkalischmachen einiger Tropfen des Filtrates mit Ammoniak-Lösung an der entstehenden Blaufärbung erkannt werden.

In die durch Eindampfen von der Hauptmasse überschüssiger Chlorwasserstoffsäure befreite und dann mit Wasser wieder etwas verdünnte Lösung lege man ein Stück reines Stangenzink, das sich zum Teile auflöst und in etwa einer Viertelstunde das gelöste Zinn und Antimon als schwarzen Metallschwamm ausfällt. Wenn sich dieser Metallschwamm nicht mehr vermehrt, werde das Zink aus der Masse genommen, abgespritzt, und der Metallschwamm im Schälchen durch Auskochen und Dekantieren mit Wasser einige Male ausgewaschen.

Man übergieße den Metallschwamm mit wenig konzentrierter Chlorwasserstoffsäure, der man etwa den halben Raumteil verdünnter Chlor-
Zinn wasserstoffsäure zufügt, und erwärme mäßig, wobei sich das *Zinn* als Stannochlorid löst, das Antimon aber ungelöst bleibt. Man filtriere und wasche aus.

Identitätsprüfung des Zinns: Eine Probe des Stannochlorid enthaltenden Filtrates werde mit einigen Tropfen Mercurichlorid-Lösung versetzt; es fällt weißes Mercurochlorid, eventuell graues Quecksilber aus. Eine zweite Probe werde mit Schwefelwasserstoffwasser gefällt; es fällt braunes Stannosulfid. Eine dritte Probe werde mit einigen Tropfen Bromwasser erhitzt, bis zur Entfernung des überschüssigen Broms gekocht und ebenfalls mit Schwefelwasserstoffwasser gefällt; es fällt gelbes Stannisulfid aus.

Das zurückbleibende Antimon löse man unter Erwärmen mit wenig konzentrierter Chlorwasserstoffsäure, der einige Tropfen konzentrierter Salpetersäure zugesetzt sind; man verdünne vorsichtig mit wenig Wasser, filtriere, wenn nötig, und fälle mit Schwefelwasserstoffwasser. Dabei
Antimon fällt das *Antimon* als dunkelrotes Antimonsulfid aus.

Identitätsprüfung des Antimons: Die tief dunkelrote Antimonfällung, ferner der Antimonfleck auf dem Platinbleche sind so charakteristisch, daß eine weitere Identifizierung nicht nötig ist.

Das beim Auflösen der Sulfide in konzentrierter Chlorwasserstoffsäure ungelöst gebliebene Arsensulfid löst man in wenig verd. Ammoniak-Lösung unter Zugabe einiger Tropfen Perhydrol und filtriert vom ausgeschiedenen Schwefel. Zum Filtrate werden einige Kubikzentimeter klarer Magnesiumsulfat-Lösung, die mit gleich viel Ammoniumchlorid-Lösung und etwas Ammoniak versetzt sind, gegeben. Wenn noch etwas Kupfer zugegen
Arsen sein sollte, färbt sich die Lösung blau. *Arsen* scheidet sich als kristallwasserhaltiges Ammoniummagnesiumarsenat $Mg(NH_4)AsO_4$ in Form eines schweren, weißen Kristall-Niederschlages ab; geringe Mengen erst in einigen Stunden. Man filtriert ab und wäscht mit destilliertem Wasser aus.

Identitätsprüfung des Arsens: Eine Probe des Ammoniummagnesiumarsenat-Niederschlages werde getrocknet, mit etwas Natriumcyanid- und Natriumcarbonat-Pulver gemischt und im einseitig geschlossenen Röhrchen geglüht; es bildet sich ein brauner Arsenspiegel, der in Natriumhypochlorit-Lösung löslich ist. Den Rest des gut ausgewaschenen Ammoniummagnesiumarsenats befeuchte man auf dem Filter mit einem Tropfen Silbernitrat-Lösung; er färbt sich unter Bildung von Silberarsenat dunkelrotbraun.

Bemerkungen zur Schwefelwasserstoffgruppe

1. Wenn durch die Vorproben in einer Substanz Chrom nachgewiesen ist, und beim Auflösen eine gelbe oder rote Lösung entsteht, also voraussichtlich Chromate vorliegen, ist es zweckmäßig, die Chromsäure zu reduzieren, bevor man die Lösung mit Schwefelwasserstoff ausfällt; etwa dadurch, daß man die mit Chlorwasserstoff stark angesäuerte Lösung mit Alkohol kocht, bis sie grün geworden, und der Überschuß von Alkohol verjagt ist. Unterläßt man diese Maßregel, so können leicht erhebliche Störungen in der Schwefelwasserstoffgruppe eintreten. Durch den Schwefelwasserstoff werden nämlich die Chromate reduziert; reicht nun die vorhandene freie Säure nicht aus, alles Chromioxydhydrat und alles Alkalihydroxyd (falls Alkalichromate vorliegen) zu neutralisieren, so fällt Chromioxydhydrat aus, und die Lösung wird alkalisch, worauf sich die etwa vorhandenen Metalle der im folgenden zu besprechenden Ammoniumsulfidgruppe ausscheiden. Es fallen also Schwefelwasserstoffgruppe und Ammoniumsulfidgruppe zusammen aus. Ein nachträglicher Zusatz von Säure würde wohl alles Chromioxydhydrat und die meisten Fällungen der Ammoniumsulfidgruppe lösen, nicht aber etwa ausgeschiedenes Kobaltsulfid und Nickelsulfid, die — einmal ausgefällt — in verdünnter Chlorwasserstoffsäure nicht mehr löslich sind. Es bliebe also nichts übrig, als alle ausgefällten Sulfide mit starker Säure nochmals zu lösen, und die Fällung mit Schwefelwasserstoff zu wiederholen. Man vermeidet diese Gefahr, wenn man, wie empfohlen, chromathaltige Lösungen vor dem Ausfällen mit Schwefelwasserstoff erst in geeigneter Weise reduziert.

Ebenso verfährt man, wenn die Lösung Permanganate enthält. Auch wenn Arsensäure oder viel Ferrisalz zugegen ist, ist es zweckmäßig, vor der Fällung mit Schwefelwasserstoff durch Kochen mit Schwefligsäure-Lösung zu reduzieren.

2. Da auf Blei und Quecksilber in der Schwefelwasserstoffgruppe sowieso geprüft wird, Silber sich in diese aber leicht einordnen ließe, da sein Sulfid in Ammoniumsulfid-Lösung unlöslich, in starker Salpetersäure löslich ist, und das Silber aus der salpetersaueren Lösung nach Fällung des Bleis leicht mit Chlorwasserstoffsäure niedergeschlagen und nachgewiesen werden könnte, liegt der Gedanke nahe, die Chlorwasserstoffgruppe ganz aufzugeben, und das Silber in der Schwefelwasserstoffgruppe nachzuweisen. Dies ist jedoch nicht empfehlenswert, da das aus Mercurosalz-Lösungen mit Schwefelwasserstoff ausfallende Mercurosulfid sehr unbeständig ist und leicht in Mercurisulfid und Quecksilber übergeht. Letzteres würde sich beim Erwärmen der Sulfide mit Salpetersäure lösen, so daß das Quecksilber dann außer an seiner üblichen Stelle auch noch neben dem Wismut bzw. neben dem Cadmium ausfallen und deren Nachweis erschweren würde. Dies zu vermeiden, ist es zweckmäßig, der Schwefelwasserstoffgruppe eine Chlorwasserstoffgruppe vorauszuschicken.

3. Kupfer und Cadmium können auch auf folgende Weise getrennt werden: man versetzt das ammoniakalische, durch Tetramminkupfersalz blau gefärbte Filtrat vom Wismut-Niederschlage mit etwas Hydroxylaminsalz und erwärmt, bis es sich entfärbt. Dann wird es mit Chlorwasserstoffsäure angesäuert und mit Kaliumthiocyanat-Lösung ausgefällt; der weiße Niederschlag von Cuprothiocyanat wird auf einem doppelten Filter gesammelt (Identitätsprüfung!); aus dem Filtrate fällt das Cadmium beim Einleiten von Schwefelwasserstoff als gelbes Cadmiumsulfid (Identitätsprüfung!). Sollte mit der Schwefelwasserstoffgruppe

etwas Zink (vgl. Nr. 6 auf dieser Seite) gefallen sein, so findet es sich jetzt im Filtrate von Cadmiumsulfid und kann durch Neutralisieren mit Ammoniak leicht niedergeschlagen werden: es fällt langsam weißes Zinksulfid.

4. Arsen, Antimon und Zinn können außer in der angegebenen Weise, auch nach der folgenden Methode getrennt werden, die sich besonders empfiehlt, wenn der Sulfid-Niederschlag rein gelb aussieht, also die Wahrscheinlichkeit vorhanden ist, daß außer Arsensulfid kein anderes Sulfid vorliegt. Man erwärmt die ausgewaschenen und in ein Abdampfschälchen geklatschten Sulfide mit einer konzentrierten Lösung von Ammoniumcarbonat, welche das Arsensulfid löst; man filtriert, wenn sich nicht alles gelöst haben sollte, dampft das Filtrat zunächst auf freier Flamme, zuletzt auf dem Wasserbade zur Trockene, raucht auf dem Wasserbade mit konzentrierter Salpetersäure ab und löst in Wasser Aus der Lösung fällt man das Arsen als Ammoniummagnesiumarsenat. Antimon- und Zinnsulfid, die in der Ammoniumcarbonat-Lösung unlöslich sind, löst man mit konzentrierter Chlorwasserstoffsäure und trennt in der angegebenen Weise.

5. Vermutet man, daß sich beim Auflösen der in Ammoniumsulfid unlöslichen Sulfide in zwanzigprozentiger Salpetersäure etwas Bleisulfat gebildet habe, so kann man den in Salpetersäure nicht gelösten Rest gleich nach dem Auswaschen mit etwas Weinsäure-Lösung, die mit Ammoniak bis zur alkalischen Reaktion übersättigt ist, schwach erwärmen, wobei Bleisulfat in Lösung geht. Man filtriert, prüft den Rückstand auf Quecksilber und das Filtrat durch Ammoniumsulfid auf Blei: ein etwa entstehender Niederschlag wäre durch Identitätsprüfung als Bleisulfid zu erweisen.

6. Wenn die Analysensubstanz Zink enthält, so bekommt man zuweilen in der Schwefelwasserstoffgruppe einen zinksulfidhaltigen Niederschlag, der, wenn keine anderen Metallsulfide ausfallen, weiß aussieht. Der Grund hierfür ist der, daß sich verdünnte, nur schwach angesäuerte Zinksalz-Lösungen mit Schwefelwasserstoff oft weitgehend unter Bildung von Zinksulfid umsetzen. Man würde das Zink dann beim Cadmium und Kupfer finden. Und zwar wäre vor dem Ausfällen des Cadmiums mit Schwefelwasserstoffgas zur Lösung reichlich Natriumcyanid-Lösung zuzusetzen, damit das Zink als Natriumzinkcyanid vollkommen gelöst bleibe. Das Filtrat vom Cadmiumsulfid-Niederschlage wäre mit konzentrierter Salpetersäure in der angegebenen Weise einzudampfen, das Kupfer aus der Lösung des Rückstandes mit Natriumhydroxyd-Lösung zu fällen und aus dem nun erhaltenen Filtrate das Zink nach Ansäuern mit Essigsäure mittels Schwefelwasserstoff niederzuschlagen (vgl. auch Nr. 3 oben).

7. Außer Zink können auch Kobalt und Nickel als Sulfide in der Schwefelwasserstoffgruppe ausfallen, wenn gleichzeitig reichliche Mengen von Salzen schwacher Säuren zugegen sind, z. B. in Gegenwart von Acetaten, von Thiocyanaten. Durch stärkeres Ansäuern — so daß die Substanz-Lösung beim Ausfällen mit Schwefelwasserstoff neben den schwachen Säuren noch etwa drei Prozent einer freien, starken Säure enthalte — kann man dem vorbeugen.

8. Soll die zu analysierende Substanz auf Gold und Platin geprüft werden, so achte man bei der Untersuchung des ammoniumsulfid-löslichen Teiles der Schwefelwasserstoffgruppe auf sie. Da ihre Sulfide in Ammoniumcarbonat-Lösung und in Chlorwasserstoffsäure unlöslich sind, so würden sie bei Benutzung der oben unter Nr. 4 angegebenen Methode nach dem Lösen des Antimons und Zinns in konzentrierter Chlorwasserstoffsäure ungelöst zurückbleiben. Man löst den dabei bleibenden Rückstand in konzentrierter Salpeter-Chlorwasserstoffsäure, dampft die Lösung auf dem Wasserbade ein und löst in Wasser auf. Aus dieser Lösung fällt man das Gold mit Ferrosulfat-Lösung unter schwachem Erwärmen als metallisches Gold aus. Das Filtrat fällt man mit Schwefelwasserstoff, löst das Platinsulfid in konzentrierter Salpeter-Chlorwasserstoffsäure, entfernt den Säureüberschuß durch Eindampfen auf dem Wasserbade, löst den Rückstand in wenig Wasser auf und fällt das Platin jetzt mit Ammoniumchlorid-Lösung als gelbes Ammoniumsalz der Platinchlorwasserstoffsäure.

Ammoniumsulfidgruppe

Co; Ni — Fe; Al; Cr — Mn; Zn — [Ca; Sr; Ba; Mg]

Die durch mehrfaches Einleiten von Schwefelwasserstoff völlig von den Elementen der Schwefelwasserstoffgruppe befreite Lösung werde, wenn nötig, etwas eingedampft, mit etwas Ammoniumchlorid-Lösung[1]) versetzt, durch Ammoniak-Lösung[2]) schwach alkalisch gemacht und, unbeschadet eines etwa schon gefallenen Niederschlages, mit einigen Tropfen Ammoniumsulfid-Lösung[2]) versetzt. Entsteht überhaupt kein Niederschlag, so ist auch kein Metall der Ammoniumsulfid-Gruppe vorhanden; entsteht ein Niederschlag, so ist so viel Ammoniumsulfid zuzusetzen, daß alles Ausfällbare ausgefällt, und ein kleiner Überschuß von Ammoniumsulfid vorhanden ist, der am Geruche erkannt wird, und ferner daran, daß das Filtrat schwach gelb gefärbt ist. In zweifelhaften Fällen setze man zu dem Filtrate noch einen Tropfen Ammoniumsulfid-Lösung, um festzustellen, ob die Ammoniumsulfidgruppe wirklich völlig niedergeschlagen ist. Anderseits ist, wie schon früher bemerkt wurde, ein größerer Überschuß an Ammoniak wie an Ammoniumsulfid zu vermeiden. Vor der Fällung erwärmt man die Lösung zweckmäßig ein wenig (60—70°), weil sie sich dann besser filtrieren läßt.

Man filtriere und wasche vier- bis fünfmal mit Wasser aus, wobei man nur den ersten Anteil des durchfiltrierenden Waschwassers mit dem Hauptfiltrate vereinigt, die übrigen aber fortgießt. Der Niederschlag[3]) kann Aluminium und Chrom als Oxydhydrate enthalten; Eisen, Mangan, Zink, Kobalt, Nickel als Sulfide; Calcium, Strontium, Barium als Phosphate; Magnesium als Magnesiumammoniumphosphat; eventuell auch Eisen und Aluminium als Phosphate; schließlich die Erdalkalimetalle als

[1]) Um ein Mitfallen von Magnesium, Boraten usw. zu verhindern, und um die Abscheidung des Ausfällbaren zu erleichtern.

[2]) Die Ammoniumsulfid-Lösung wird durch Sättigen von halb konzentrierter Ammoniak-Lösung mit Schwefelwasserstoff hergestellt. Alte Lösungen enthalten häufig etwas Sulfat und sind zu vermeiden, weil sie die Metalle der Ammoniumcarbonat-Gruppe mitfällen würden. Die Ammoniak-Lösung sei frei von Carbonat; man überzeuge sich davon durch Erhitzen einer Probe mit etwas Calciumchlorid.

[3]) Der abfiltrierte Ammoniumsulfid-Niederschlag darf nicht feucht auf dem Filter über Nacht aufgehoben werden, da er sich dabei teilweise zu Sulfaten oxydieren würde; man verschiebe deshalb die Filtration auf den nächsten Tag, falls man zur weiteren Verarbeitung des Niederschlages am selben Tage nicht mehr Zeit haben sollte.

Oxalate. Der mit Ammoniumsulfid aus einer von Oxalsäure und Phosphorsäure freien Lösung zu erhaltende Niederschlag von Aluminium, Eisen, Chrom, Mangan, Zink, Kobalt, Nickel sei unter dem Namen „reine Ammoniumsulfidgruppe" zusammengefaßt.

---

[1]) Phosphate und Oxalate können im Ammoniumsulfid-Niederschlage nur dann vorhanden sein, wenn die zu analysierende Substanz in Wasser unlöslich und nur in Säuren löslich war, oder wenn eine sauere Lösung zur Untersuchung vorlag; denn Calcium usw. einerseits, anderseits Phosphorsäure und Oxalsäure können nicht nebeneinander in neutraler Lösung gelöst sein. Es ist also bei der Untersuchung wasserlöslicher Substanzen an dieser Stelle der Analyse auf Phosphorsäure und Oxalsäure nicht Rücksicht zu nehmen.

War die Substanz dagegen nur in Säuren löslich, oder lag eine sauer reagierende Lösung zur Analyse vor, so ist mit dem Ammoniumsulfid-Niederschlage zunächst eine Vorprüfung auf Phosphorsäure und Oxalsäure vorzunehmen. Sind diese Säuren vorhanden, so müssen sie in geeigneter Weise entfernt werden, ehe die Untersuchung auf Metalle vorgenommen werden kann.

Vorprüfung auf Phosphorsäure: Zur Prüfung auf Phosphorsäure werde eine kleine Probe des Ammoniumsulfid-Niederschlages in Salpetersäure gelöst, und zur völligen Entfernung des Schwefelwasserstoffs gekocht; sollte keine ganz klare Lösung entstehen, so filtriere man durch ein kleines Filterchen. Zur Lösung gebe man wenigstens den gleichen Raumteil Ammoniummolybdat-Lösung und erwärme schwach; weiße, etwa ausfallende Molybdänsäure bringe man durch Zugabe einiger Tropfen konzentrierter Salpetersäure wieder in Lösung. Wenn Phosphorsäure zugegen ist, fällt gleich oder nach einiger Zeit ein schwerer, tiefgelber Niederschlag von Ammoniummolybdänphosphat. Wäre nicht aller Schwefelwasserstoff fortgekocht, so könnte die Lösung sich durch ein Reduktionsprodukt der Molybdänsäure tiefblau färben. In diesem Falle entfärbt man sie durch Aufkochen mit einem weiteren Zusatze Salpetersäure.

Vorprüfung auf Oxalsäure: Zur Prüfung auf Oxalsäure löse man eine größere Probe des Ammoniumsulfid-Niederschlages — etwa so viel des feuchten Niederschlages als eine kleine Bohne

[1]) Der Anfänger lasse die durch den senkrechten Strich gekennzeichneten Abschnitte aus; erst der Geübtere wird in seinen Analysen auf Phosphorsäure und Oxalsäure in der Ammoniumsulfidgruppe Rücksicht zu nehmen haben.

ausmacht — im Probierglase mit wenig Chlorwasserstoffsäure, fälle ohne vorher zu filtrieren mit Natriumcarbonat-Lösung im Überschusse, koche einige Augenblicke und filtriere sofort durch ein kleines Filter, wasche den Niederschlag aber nicht aus. Das Filtrat säuere[1]) man mit Essigsäure an und gebe einige Tropfen Calciumchlorid-Lösung hinzu. Entsteht eine Fällung, so ist Oxalsäure zugegen. Bei dieser Probe, die sorgfältig angestellt werden muß, um ein sicheres Resultat zu geben, ist jede unnötige Verdünnung zu vermeiden.

Je nachdem der Ammoniumsulfid-Niederschlag frei von Phosphorsäure und Oxalsäure ist, beide oder eine von beiden enthält, wird verschieden verfahren.

A. Es ist nur Oxalsäure zugegen. Wenn nur Oxalsäure zugegen ist, bringe man den gesamten Ammoniumsulfid-Niederschlag in ein Bechergläschen, löse in möglichst wenig Chlorwasserstoffsäure[2]), filtriere, fälle das Filtrat mit überschüssiger Natriumcarbonat-Lösung und koche einige Minuten. Dann filtriere man heiß und wasche den Niederschlag gut mit Wasser aus.

Aus dem Filtrate kann man die Oxalsäure durch Ansäuern mit Essigsäure und Zusatz von Calciumchlorid-Lösung fällen. Zur weiteren Identifizierung kann man den Calciumoxalat-Niederschlag abfiltrieren, auswaschen und mit einigen Tropfen verdünnter Schwefelsäure in ein Probierglas spülen. Die Mischung muß in sie eingetropfte, verdünnte Kaliumpermanganat-Lösung beim Erwärmen entfärben.

Auf dem Filter bleiben die Metalle als Oxydhydrate oder Carbonate zurück und werden von ihm mit Chlorwasserstoffsäure gelöst.

B. Es ist nur Phosphorsäure zugegen. Wenn nur Phosphorsäure zugegen ist. klatsche man den gut ausgewaschenen, möglichst trockenen Ammoniumsulfid-Niederschlag in ein Abdampfschälchen und löse ihn in verdünnter Salpetersäure unter Erwärmen auf, wobei der Schwefel im wesentlichen als Schwefelwasserstoff entweicht. Durch Eindampfen wird konzentriert. Nach Zusatz von etwas konzentrierter Salpetersäure gebe man zur — gewöhnlich trüben — Lösung einige

[1]) Zum Ansäuern tropfe man unter Umschwenken so lange Essigsäure hinzu, als ein einfallender Tropfen noch ein Aufbrausen erzeugt, koche, bis alle Kohlensäure vertrieben ist, und prüfe mit blauem Lackmuspapier, ob die Flüssigkeit jetzt sauer reagiert; andernfalls gebe man weiter Essigsäure hinzu und wiederhole die Prüfung mit Lackmuspapier.

[2]) Wenn Kobalt- oder Nickelsulfid zugegen ist, wird nach Zusatz von Salzsäure und einigen Tropfen Perhydrol gekocht und nach erfolgter Lösung filtriert.

Streifen Stanniol und erhitze längere Zeit mit sehr kleiner Flamme, bis das Stanniol in weißes Stannioxydhydrat übergeführt ist, wobei die Phosphorsäure adsorbiert und ausgefällt wird. Man stelle mit einem Tropfen des Gemisches, den man mit einem Glasstabe herausnimmt, eine Probe mit Ammoniummolybdat-Lösung daraufhin an, ob die Fällung der Phosphorsäure gelungen ist; ist dies nicht der Fall, so wird weiter mit Stanniol erhitzt, und, wenn nötig, mehr konzentrierte Salpetersäure zugesetzt; auf keinen Fall darf die Mischung eintrocknen.

Wenn alle Phosphorsäure aus der Lösung niedergeschlagen ist, dampfe man die Hauptmenge Salpetersäure fort, verdünne den Rückstand mit Wasser, koche auf und filtriere heiß; man wasche das Ungelöste mehrfach mit siedendheißem Wasser, das man in einem Probierglase zum Kochen gebracht hat, aus. Das Filtrat prüfe man nochmals daraufhin, ob es frei von Phosphorsäure ist, und fälle, wenn das der Fall ist, die geringen aus dem Stanniol stammenden Mengen Blei, die in Lösung gegangen sind, mit Schwefelwasserstoff-Wasser aus.

C. Es ist Oxalsäure und Phosphorsäure zugegen. Zur Entfernung beider Säuren kombiniere man die beiden eben beschriebenen Methoden in geeigneter Weise. Entweder entfernt man zuerst die Phosphorsäure, versetzt die schließlich erhaltene Lösung mit einem Überschusse von Natriumcarbonat-Lösung und kocht, wobei die Metalle als Oxydhydrate oder Carbonate ausfallen; oder man entfernt zuerst die Oxalsäure, löst die dabei erhaltene Fällung in konzentrierter Salpetersäure und entfernt die Phosphorsäure mit Zinn. Auf jeden Fall ist bei der Entfernung der Phosphorsäure ein Zusatz von Chlorwasserstoffsäure zu vermeiden, da sonst Zinn reichlich in Lösung gehen würde; gegebenenfalls wäre ein Chlorwasserstoff-Zusatz durch wiederholtes Eindampfen mit konzentrierter Salpetersäure zu entfernen.

Nach Entfernung der Phosphorsäure und Oxalsäure liegt eine chlorwasserstoffsauere oder salpetersauere Lösung vor, in der alle anfänglich im Ammoniumsulfid-Niederschlage enthalten gewesenen Metalle noch vorhanden sind. Man mache diese Lösung mit Ammoniak alkalisch und fälle mit Ammoniumsulfid. Jetzt fällt die „reine Ammoniumsulfid-Gruppe“, nämlich die Metalle Kobalt, Nickel, Eisen, Aluminium, Chrom, Mangan, Zink, während Calcium, Strontium, Barium, Magnesium in Lösung bleiben. Man erwärme mäßig, filtriere und untersuche das Filtrat für sich auf die letztgenannten Metalle.

Untersuchung der reinen Ammoniumsulfidgruppe

Co; Ni; Fe; Al; Cr; Mn; Zn

Der „reine Ammoniumsulfid-Niederschlag" ist gleich nach dem Abfiltrieren weiter zu verarbeiten. Man klatsche ihn in ein Schälchen und rühre ihn mit einem Gemische von zwei Dritteln $2n$-Chlorwasserstoffsäure und einem Drittel Wasser (das Gemisch enthalte also etwa 5 Prozent Chlorwasserstoff) zu einem dünnen Breie an. Unter wiederholtem Umrühren erwärme man ganz gelind, auf höchstens 40°, und lasse einige Minuten stehen. Dabei löst sich alles[1]) mit Ausnahme des Nickelsulfids und des Kobaltsulfids und etwas Schwefels auf; selten bleibt ein wenig Ferrosulfid usw. im Ungelösten.

Trennung von Nickel und Kobalt

Man stelle mit einer kleinen Probe des Ungelösten zunächst eine Phosphorsalz-Perle her. Ist diese blau, so ist Kobalt vorhanden; wenn nicht, fehlt Kobalt[2]).

Die Sulfide von Kobalt und Nickel werden nach gutem Auswaschen in ein Schälchen geklatscht und durch Erwärmen mit stark verdünnter Essigsäure und einigen wenigen Tropfen Perhydrol gelöst. Vom ausgeschiedenen Schwefel wird abfiltriert (A. S. Komarowsky). Das Filtrat wird zweckmäßig etwas eingekocht.

Zur Prüfung auf *Kobalt* wird eine Probe der Lösung reichlich mit starker Kaliumthiocyanat-Lösung versetzt und dann mit etwas Äther und Amylalkohol durchgeschüttelt. Eine tiefblaue Farbe der ätherischen Schicht erweist in sehr empfindlicher Weise Kobalt. Sollte ausnahmsweise Eisen zugegen sein und Rötung verursachen, so wird mit etwas Natriumcarbonat-Lösung versetzt und geschüttelt, worauf eventuell die Blaufärbung deutlich wird (Identitätsprüfung). Kobalt

Eine zweite Probe der Lösung wird zum Nachweise des Kobalts als hexanitritokobaltisaueres Kalium benutzt. Sie wird mit Natriumacetat- und konzentrierter Kaliumnitrit-Lösung versetzt und auf etwa 50° erhitzt. Der gelbe Niederschlag kommt oft erst in mehreren Stunden. Eine Probe von ihm werde zur Färbung einer Phosphorsalz-Perle benutzt (Identitätsprüfung).

---

1) Wenn es den Anschein hat, als ob der gesamte Ammoniumsulfid-Niederschlag ungelöst geblieben sei, so prüfe man einige Tropfen des filtrierten chlorwasserstoffsaueren Auszuges durch Übersättigen mit Ammoniak und Zusatz von Ammoniumsulfid-Lösung darauf, ob überhaupt etwas in Lösung gegangen ist. Ist dies nicht der Fall, so ist von allen Metallen der Ammoniumsulfidgruppe nur auf Kobalt und Nickel zu prüfen.

2) Kobalt- und Nickelsalze geben, in gewissem Verhältnisse gemischt, selbst in größerer Konzentration fast farblose Mischungen; auch die Phosphorsalz-Perlen solcher Mischungen sind kalt kaum, warm schwach blau gefärbt. Die angeführte Kobaltprobe ist in diesem Ausnahmefalle nicht sehr deutlich.

Nickel Zur Prüfung auf *Nickel* wird eine weitere Probe der essigsaueren Lösung mit einigen Kriställchen Diacetyldioxim gekocht. Das Auftreten einer hochroten kristallinischen Abscheidung ist ein sicherer und empfindlicher Nachweis von Nickel (Identitätsprüfung).

Die von Nickelsulfid und Kobaltsulfid abfiltrierte, chlorwasserstoffsauere Lösung, die Eisen, Aluminium, Chrom, Zink, Mangan und eventuell geringe Reste von Kobalt und Nickel enthalten kann, werde zunächst durch Kochen von gelöstem Schwefelwasserstoff befreit[1]); dann wird sie auf Eisen[2]) dadurch geprüft, daß man einige Tropfen von ihr mit frischer Kaliumferricyanid-Lösung versetzt; tritt ein blauer Niederschlag auf, so wird die übrige Lösung mit etwas konzentrierter Salpetersäure oder Wasserstoffsuperoxyd vermischt und etwa fünf Minuten gekocht[3]), bis eine Wiederholung der Probe ergibt, daß alles Eisen in die Ferriform übergeführt ist, also kein Niederschlag mehr mit Kaliumferricyanid-Lösung entsteht. Man suche bei dieser Oxydation mit möglichst wenig Salpetersäure auszukommen.

Nun werden die stärker hydrolysierenden, dreiwertigen Metalle (Fe, Al, Cr) von den zweiwertigen Metallen (Zn, Mn) mittels der Bariumcarbonat-Methode getrennt.

Bariumcarbonatmethode

Man neutralisiere die sauere Lösung in einem Kölbchen annähernd mit Natriumcarbonat. Zweckmäßig verwendet man dabei zuerst festes, kristallisiertes Natriumcarbonat, um die Lösung nicht zu stark zu verdünnen, und erst, wenn die Lösung nur noch schwach sauer ist, Natriumcarbonat-Lösung. Auf keinen Fall darf ein bleibender Niederschlag entstehen; eventuell wäre ein solcher durch einige Tropfen Chlorwasserstoffsäure wieder in Lösung zu bringen. Wie schon bemerkt ist, kommt es nicht darauf an, die freie Säure völlig zu binden.

Alsdann gieße man feinen Bariumcarbonat-Schlamm zu der Lösung in solcher Masse, daß ein reichlicher Überschuß am Boden des Kölbchens deutlich neben etwa ausgefällten Stoffen zu erkennen ist, und die

---

[1]) Die Entfernung von Schwefelwasserstoff ist wichtig; er würde bei der folgenden Oxydation Schwefelsäure liefern. Wenn Sulfate der Bariumcarbonatmethode unterworfen werden, fallen auch Zink und Mangan aus.

[2]) Die Prüfung auf Eisen und die Oxydation mit Salpetersäure ist nicht nötig, wenn der Ammoniumsulfid-Niederschlag rein weiß ausgesehen hat, weil er dann sicher frei von Eisen ist.

[3]) Beim Kochen mit Salpetersäure färbt sich die Lösung zunächst bräunlich, weil sich das bei der Reduktion der Salpetersäure entstehende Stickoxyd unter Bildung eines tiefbraun gefärbten Additionsproduktes an das vorhandene Ferrosalz anlagert; bei weiterem Kochen oxydiert sich dieses, die Verbindung zerfällt, und die Farbe der Lösung wird wieder heller.

darüber stehende Flüssigkeit nach dem Absetzen nicht mehr gefärbt erscheint. Von Zeit zu Zeit schüttele man tüchtig durch, sauge das Ungelöste nach etwa zehn Minuten mit Hilfe der Saugpumpe ab und wasche es mit kaltem Wasser aus. Auf dem Filter befinden sich neben überschüssigem Bariumcarbonat eventuell die Oxydhydrate von Eisen, Aluminium und Chrom, im Filtrate neben etwas Bariumchlorid die Chloride von Zink und Mangan.

Wenn Chrom vorhanden ist, gelingt es zuweilen auch bei längerer Behandlung der Lösung mit Bariumcarbonat nicht, alles Chrom auszufällen, und ein farbloses Filtrat zu erhalten. Man sauge dann trotzdem ab und untersuche den Filterinhalt in der gleich zu beschreibenden Weise auf Eisen, Aluminium und Chrom. Aus dem Filtrate fälle man das noch in Lösung gebliebene Chrom in der Weise mit Bariumcarbonat, daß man zunächst etwa 1 cm³ Ferrichlorid-Lösung hinzusetzt und sonst, wie eben beschrieben ist, verfährt. Die Gegenwart des Eisens erleichtert das Ausfallen des Chromrestes; Chrom kann im Niederschlage leicht nachgewiesen werden. Das Filtrat werde auf Zink und Mangan geprüft.

Trennung von Eisen, Aluminium, Chrom

Man löse den gut ausgewaschenen Niederschlag in wenig Chlorwasserstoffsäure, erhitze die Lösung zum Sieden und fälle das in Lösung befindliche Barium mit verdünnter Schwefelsäure, die man in einem Probierglase zum Sieden erhitzt hat. Zum Lösen wie zum Fällen verwende man möglichst nur die gerade nötige Menge Säure. Nachdem man den Bariumsulfat-Niederschlag sich hat absetzen lassen und durch Zusatz eines Tropfens verdünnter Schwefelsäure zu der überstehenden, klaren Flüssigkeit festgestellt hat, daß alles Barium aus der Lösung entfernt ist, filtriere man ab und wasche mit wenig Wasser einmal aus.

Das Filtrat wird in einer Abdampfschale zum Sieden erhitzt und mit Natriumhydroxyd-Lösung[1]) annähernd neutralisiert, — so daß noch kein bleibender Niederschlag entsteht. Dann wird eine Natriumsuperoxyd-Lösung, die durch langsames Einstreuen von festem Natriumsuperoxyd in 30 bis 50 ccm kaltes Wasser vorsichtig bereitet ist, eingegossen. Unter lebhaftem Aufschäumen fällt das Eisen aus, während Aluminium als Aluminat, Chrom als Chromat in Lösung gehen. Man kocht noch 2 bis 3 Minuten, bis keine Sauerstoffbläschen mehr entweichen. Dann lasse man abkühlen, filtriere und erweise das Ungelöste als *eisenhaltig*. Eisen

[1]) Es ist wünschenswert, daß die hier zu verwendende Natriumhydroxyd-Lösung und das Natriumsuperoxyd von Kieselsäure frei seien, was häufig, namentlich bei älteren Natriumhydroxyd-Lösungen des Laboratoriums, nicht der Fall ist. Man prüfe beide durch Ansäuern einer Probe und Versetzen der klaren Lösung mit Ammoniak-Lösung. Ergeben diese „blinden Versuche" nur eine geringe Fällung, während die entsprechende Prüfung im Gange der Analyse (vgl. oben) eine wesentliche Fällung von Aluminiumoxydhydrat liefert, so ist der Nachweis von Aluminium sicher. Eine unbrauchbare Natriumhydroxyd-Lösung werde durch eine frische ersetzt, die man sich aus reinem Natriumhydroxyd selbst herstellt.

Identitätsprüfung des Eisens: Eine Probe des abfiltrierten und ausgewaschenen Ferrioxydhydrats werde in Chlorwasserstoffsäure gelöst, und einige Tropfen Kaliumferrocyanid-Lösung zugesetzt; entsteht ein, sich nur langsam zu Boden setzender, feinflockiger Niederschlag von Berlinerblau, so ist Eisen zugegen.

Das Filtrat wird reichlich mit festem Ammoniumchlorid versetzt und bis zu dessen Lösung gekocht (Geruch nach Ammoniak). Es fällt

Aluminium *Aluminium* als Aluminiumoxydhydrat aus. Man filtriere und wasche aus.

Identitätsprüfung des Aluminiums: Eine Probe des abfiltrierten Aluminiumoxydhydrats werde auf eine mehrfache Schicht Filtrierpapier gestrichen und dadurch einigermaßen getrocknet. Dann werde die weiße Masse mit der Lötrohrflamme auf Kohle geglüht, der Rückstand mit einem Tröpfchen verdünnter Kobaltonitrat-Lösung befeuchtet und nochmals stark geglüht; er muß jetzt blau gefärbt erscheinen. Ein Überschuß von Kobaltsalz würde Schwarzfärbung bewirken, ist also zu vermeiden. Kieselsäurehydrate können eine ähnliche Blaufärbung geben.

Zum Nachweise von Aluminium ist ferner folgendes Reagens zu empfehlen (Attack-Praetorius):

Konzentrierte wässerige Lösungen von 2 g alizarinsulfosauerem Natrium (Kahlbaum) und von 50 g Ammoniumnitrat werden gemischt und auf etwa 180 cm³ verdünnt. Nach Zugabe von 25 cm³ Eisessig werden unter dauernden Umschwenken 25 cm³ 2 n-Ammoniak-Lösung eingetropft. Dann wird mit Wasser auf 250 cm³ aufgefüllt und nach 2 Tagen filtriert.

Zur Prüfung auf Aluminium wird eine kleine Probe des Ammoniak-Niederschlages mit 3 Tropfen konzentrierter Salzsäure gelöst und durch vorsichtiges Abrauchen annähernd vom Säure-Überschusse befreit. Der Rückstand wird mit 2—3 cm³ Wasser aufgenommen und mit gleichviel Aluminium-Reagenz versetzt. Wenn Aluminium vorhanden ist, entsteht sofort oder bald ein hellroter, flockiger Niederschlag. Eisen würde durch Dunkelfärbung stören, falls es mehr als spurenweise vorhanden ist.

Das bei Anwesenheit von Chrom regelmäßig gelb gefärbte Filtrat werde mit verd. Schwefelsäure angesäuert, wenn erforderlich abgekühlt und mit Äther und etwas Wasserstoffsuperoxyd geschüttelt. Blaufärbung der Ätherschicht erweist *Chrom* („Überchromsäure-Reaktion"). Einen anderen Teil der Lösung kann man mit einigen Tropfen Alkohol versetzen, mit Chlorwasserstoffsäure ansäuern und einige Minuten kochen. Färbt es sich

Chrom dabei deutlich — wenn auch schwach — grün, so ist *Chrom*[1]) zugegen, das

[1]) Statt in der oben angegebenen Weise kann man das Chrom auch nach der folgenden Methode fällen. Man setze zu dem ammoniakalischen Filtrate vom Aluminiumoxydhydrate einen bis zwei Tropfen — nicht mehr — Bleiacetat-Lösung und erwärme schwach. Es fällt dann bräunlichrot gefärbtes basisches Bleichromat aus, das sich bald in Flocken zu Boden setzt. Ein Überschuß an Bleiacetat ist zu vermeiden, da sich sonst ein weißer Niederschlag von Bleisulfat bilden würde; zum Nachweise von nur wenig Chrom verwende man nur Bruchteile eines Tropfens Bleiacetat-Lösung.

durch Zusatz von Ammoniak-Lösung und Aufkochen als graugrünliches, wegen seines feinflockigen Zustandes leicht zu übersehendes Chromioxydhydrat ausgefällt wird. Man filtriere ab und wasche aus.

Identitätsprüfung des Chroms: Man schmelze einen Teil des Chromioxydhydrats mit Kaliumnitrat und Natriumcarbonat auf der Magnesia-Rinne; es entsteht eine gelbe Schmelze. Oder man führe die folgende elegante Probe aus: man löse etwas Chromioxydhydrat in möglichst wenig Salpetersäure unter Erwärmen auf, kühle ab, füge gerade so viel Natriumhydroxyd-Lösung hinzu, daß der zunächst entstehende Niederschlag sich eben wieder gelöst hat, und setze einige Kubikzentimeter Bromwasser zu der Lösung. Dabei schlägt die Grünfärbung in Gelb um. Man koche das überschüssige Brom jetzt fort, säuere mit Essigsäure schwach an (Probe mit Lackmuspapier), koche nochmals und setze einige Tropfen Bleiacetat-Lösung hinzu, worauf ein dichter, hellbräunlich-gelber Niederschlag von Bleichromat ausfällt; wird die Lösung jetzt stark ammoniakalisch gemacht und erwärmt, so färbt sich der Niederschlag unter Bildung basischen Bleichromats dunkelbräunlichrot. Auch die Überchromsäure-Reaktion mit Wasserstoffsuperoxyd ist zu empfehlen.

Wenn die Analysensubstanz Eisen und Chrom gleichzeitig enthält, findet man stets einen Teil des Chroms beim Eisen; der Ferrioxydhydrat-Niederschlag sieht dann nicht rein rotbraun, sondern mehr oder weniger graubraun aus und gibt beim Schmelzen mit Kaliumnitrat und Natriumcarbonat auf der Magnesia-Rinne eine gelbe Chromatschmelze.

Trennung von Zink und Mangan

Das Filtrat vom Bariumcarbonat-Niederschlage werde bei Siedehitze mit einem möglichst geringen Überschusse von heißer, verdünnter Schwefelsäure gefällt und vom ausgeschiedenen Bariumsulfate abfiltriert. Man lasse das Filtrat abkühlen[1]), versetze es mit Natriumhydroxyd-Lösung, bis die Mischung sich zwischen den Fingern schlüpfrig anfühlt, schüttele tüchtig um, filtriere den etwa entstandenen Niederschlag von *Manganohydroxyd*, der eventuell durch etwas Nickelohydroxyd oder Kobaltohydroxyd verunreinigt sein kann, ab und wasche gut mit Wasser aus.

Identitätsprüfung des Mangans: Charakteristisch für Mangan ist, daß der zuerst rein weiß aussehende Manganohydroxyd-Niederschlag sich bald, namentlich beim Filtrieren, oxydiert und sich dabei dunkeler färbt. Man schmelze eine Probe des Niederschlages auf der Magnesia-Rinne mit etwas Kaliumnitrat und Natriumcarbonat zusammen; die Schmelze muß grün gefärbt sein. Sehr empfehlenswert ist auch die Oxydation mit Bleidioxyd in salpetersauerer Lösung zu Übermangansäure.

[1]) Man kühle ab, ehe man Natriumhydroxyd-Lösung zusetzt, weil sonst nicht alles Zink in Lösung geht; Natriumzinkat-Lösung läßt — namentlich wenn sie verdünnt ist — beim Erwärmen etwas Zinkhydroxyd ausfallen.

Will man das Mangan von den etwa vorhandenen Beimengungen an Kobalt und Nickel befreien, so löse man den etwas dunkeler als gewöhnlich gefärbten Niederschlag von Manganohydroxyd in möglichst wenig Chlorwasserstoffsäure auf, versetze die Lösung mit einigen Kubikzentimetern Natriumacetat-Lösung und fälle Kobalt und Nickel mit Schwefelwasserstoff als Sulfide aus. Das Filtrat koche man, bis der gelöste Schwefelwasserstoff entfernt ist, mache es mit Natriumhydroxyd-Lösung alkalisch und versetze es reichlich mit Bromwasser; es fällt dann das Mangan als braunschwarzes Mangandioxydhydrat aus.

Das alkalische Filtrat vom Mangan enthält schließlich eventuell noch das Zink als Natriumzinkat gelöst; man säuere mit Essigsäure
Zink schwach an und leite Schwefelwasserstoff ein, wobei das *Zink* als weißes, öfters auch schmutzig-grauweißes Sulfid ausfällt. Man lasse etwas stehen, filtriere ab und wasche aus.

Identitätsprüfung des Zinks: Charakteristisch ist für Zink die weiße Farbe des Sulfids. Man glühe eine Probe des abfiltrierten Zinksulfids mit der Lötrohrflamme auf Kohleunterlage, befeuchte die Masse dann mit einem kleinen Tröpfchen sehr verdünnter Kobaltonitrat-Lösung und glühe nochmals; sie muß dann grün erscheinen (charakteristisch und empfindlich). Wenn nur wenig Sulfid vorliegt, das an der Filterwand festhaftet, schabe man von der Innenwand des Filters etwas Papiermasse mit dem Niederschlage los, umwickele sie mit dem Ende des Platindrahtes und glühe in der äußeren Flamme des Bunsenbrenners, bis die Filtrierpapier-Masse weggebrannt ist. Das zurückbleibende Zinkoxyd-Flöckchen gibt nach Befeuchten mit einer Spur Kobaltonitrat-Lösung bei nochmaligem Glühen die grüne Masse.

Bemerkungen zur Ammoniumsulfidgruppe

1. Die Ammoniumsulfidgruppe ist schon unter den gewöhnlichen Verhältnissen unzweifelhaft am schwierigsten von allen Gruppen zu behandeln und erfordert Geschick und volles Verständnis der Umsetzungen. Noch schwieriger wird ihre Bearbeitung dadurch, daß unter besonderen Umständen auch andere Niederschläge mit ihr ausfallen können. Ähnlich wie durch Phosphorsäure und Oxalsäure kann, wenn auch nicht mit gleicher Sicherheit, ein Mitausfallen der Erdalkalimetalle durch Borsäure, Schwefelsäure, Fluorwasserstoffsäure bewirkt werden. Im allgemeinen wird man die Erdalkalimetalle daneben auch an der üblichen Stelle finden, so daß sie nicht übersehen werden; immerhin kann durch das unerwartete Auftreten eines Niederschlages eine unliebsame Störung bei der Bearbeitung der Ammoniumsulfidgruppe veranlaßt werden.

Anderseits kann Aluminium und Chrom beim Ausfällen der Ammoniumsulfidgruppe durch organische — namentlich hydroxylhaltige — Stoffe in Lösung gehalten werden. Wie schon in der Einleitung bemerkt ist, muß man, um diese Schwierigkeit zu umgehen, die organischen Stoffe durch Oxydation, etwa mit Chlorwasserstoffsäure und Chlorsäure, oder auf sonst eine geeignete Weise zerstören, ehe man die Fällung mit Ammoniumsulfid vornimmt.

Der Gang der Analyse würde zu kompliziert werden, wenn alle Einzelfälle, die Schwierigkeiten veranlassen könnten, in ihm berücksichtigt würden. Es sei deshalb an dieser Stelle angedeutet, wie man sich in einigen solcher Fälle zu verhalten habe.

Borsäure: Wenn Borsäure und Erdalkalimetalle in der Analyse gleichzeitig vorhanden sind, können Erdalkalimetallborate in der Ammoniumsulfidgruppe ausfallen. Beim Auflösen mit fünfprozentiger Chlorwasserstoffsäure gehen die Erdalkalimetalle als Chloride in Lösung, und ebenfalls ein Teil der Borsäure; ein anderer Teil Borsäure kann ungelöst bleiben und würde, namentlich wenn Kobalt und Nickel nicht zugegen sind, auffallen.

Auf Borsäure wird man bei den Vorprüfungen und bei den Säureprüfungen aufmerksam. Die durch sie in die Ammoniumsulfidgruppe gebrachten Erdalkalimetalle kann man aus der chlorwasserstoffsaueren Lösung mit etwas Schwefelsäure und Alkohol ausfällen und für sich weiter untersuchen.

Das Ausfallen von Erdalkalimetallboraten kann durch reichlichen Zusatz von Ammoniumchlorid-Lösung, Verdünnen mit Wasser und Erwärmen vor dem Ausfällen der Ammoniumsulfidgruppe zurückgedrängt oder ganz verhindert werden. Wenn Borsäure reichlich vorhanden ist (Vorprobe), ist es am besten, sie vor Inangriffnahme der Prüfung auf Metalle durch mehrfaches Abrauchen der Analysensubstanz mit Methylalkohol und etwas Säure zu verflüchtigen.

Schwefelsäure, Fluorwasserstoffsäure: Calciumsulfat und Erdalkalimetallfluoride, die mit Ammoniumsulfid ausgefallen sein sollten, findet man, da sie in verdünnter Chlorwasserstoffsäure in der Kälte kaum löslich sind, beim Kobalt und Nickel; an dieser Stelle fallen sie besonders auf, wenn Kobalt und Nickel nicht zugegen sind.

Sollte etwas Calciumsulfat in die chlorwasserstoffsauere Lösung gegangen und später nicht völlig durch Bariumcarbonat umgesetzt und ausgefällt sein, so könnte man bei der Manganfällung mit Natriumhydroxyd-Lösung einen calciumhaltigen Niederschlag finden, der aber nicht mit der Manganfällung zu verwechseln ist.

2. Eine weitere unerfreuliche Störung kann bei gleichzeitiger Anwesenheit von Aluminium und Magnesium auftreten, die einen geringeren Gehalt von einem dieser Metalle leicht übersehen läßt. Es kann in der Ammoniumsulfidgruppe eine spinellartige Verbindung der Oxyde von beiden fallen. Da diese sich in Säure schwer löst, kann sie beim Nickel- und Kobaltsulfid bleiben und übersehen werden; wenn Nickel und Kobalt fehlen, würde sie auffallen.

Ein solcher Rückstand wäre in konzentrierter Salzsäure zu lösen, die Lösungen einzuengen und ein Teil mit Ammoniak auf Aluminium zu prüfen. Ein zweiter Teil wäre mit Weinsäure zu versetzen, mit Ammoniak alkalisch zu machen, wobei Aluminium komplex gebunden bleibt, und mit Natriumphosphat auf Magnesium zu prüfen.

3. Wenn das zur Neutralisation verwendete Ammoniak carbonathaltig ist, können Erdalkalicarbonate mit dem Ammoniumsulfid-Niederschlage vereint ausfallen; auch kann die ammoniakalische Mischung, wenn nicht schnell filtriert wird, Kohlendioxyd aus der Luft aufnehmen. Ein kleiner Gehalt an Erdalkalimetallen in der Analysensubstanz könnte völlig ausfallen, und deshalb an der üblichen Stelle in der folgenden Gruppe nicht mehr gefunden werden. Die Fällung von Erdalkalimetallcarbonaten kann durch Zusatz von etwa 1 g Hydroxylammoniumchlorid verhindert werden. Das Filtrat von der Ammoniumsulfidgruppe muß dann zur Entfernung dieses Hydroxylamins mit etwas rauchender Salpetersäure eingedampft werden, ehe mit Ammoniumcarbonat ausgefällt wird.

4. Natriumacetat-Methode: Statt die dreiwertigen Metalle der Ammoniumsulfidgruppe mit Bariumcarbonat von den zweiwertigen zu trennen, kann man auch Natriumacetat verwenden. Die „Natriumacetat-Methode", die unter gewissen Modifikationen auch allgemein verwendbar ist, empfiehlt sich aber nur bei solchen Analysen, bei denen Chrom nicht zugegen ist. Wie bei der Bariumcarbonat-Methode neutralisiert man zunächst annähernd mit Natriumcarbonat und setzt dann 10 bis 15 cm^3 Natriumacetat-Lösung und so viel Wasser hinzu, daß die Lösung wenigstens 100 cm^3 beträgt. Wird die Lösung jetzt aufgekocht, so fallen Eisen und Aluminium aus, Zink und Mangan bleiben

gelöst; Chrom fällt nur dann völlig aus, wenn reichlich Eisen vorhanden ist. Man filtriert die siedendheiße Lösung sofort und wäscht mit kochendem Wasser aus. Aluminium und Eisen werden nach der oben beschriebenen Methode getrennt. Auf Zink und Mangan prüft man im Filtrate durch Einleiten von Schwefelwasserstoff in die heiße Lösung, wobei Zink, eventuell mit Kobalt- und Nickelresten, als Sulfid ausfällt; von diesen kann es durch Auflösen in Salpetersäure, Entfernen der Verunreinigungen durch Übersättigen mit Natriumhydroxyd-Lösung, Filtrieren und Wiederfällen des Zinks durch Einleiten von Schwefelwasserstoff in die mit Essigsäure schwach angesäuerte Lösung gereinigt werden. Das Mangan wird aus dem essigsauren Filtrate vom Zinksulfide mit Natriumhydroxyd-Lösung und Bromwasser gefällt.

Die unter 2 beschriebene Störung ist bei dieser Arbeitsweise nicht zu befürchten.

5. Während die Bariumcarbonat-Methode und die Natriumacetat-Methode wirkliche Trennungsmethoden der Metalle der „reinen Ammoniumsulfidgruppe" sind, ermöglicht die folgende Methode nur einen Nachweis der verschiedenen Metalle, ohne sie in gleicher Schärfe zu trennen; sie ist aber erheblich bequemer als jene exakten Methoden und sei hier kurz erwähnt, da sie in der Mehrzahl der Fälle ausreicht.

Die Sulfide der „reinen Ammoniumsulfidgruppe" werden mit fünfprozentiger Chlorwasserstoffsäure gelöst, wobei Kobaltsulfid und Nickelsulfid ungelöst bleiben. Das Filtrat wird mit etwas Salpetersäure zuerst auf freier Flamme, zuletzt auf dem Wasserbade zur Trockene eingedampft, und der Rückstand mit einigen Tropfen Chlorwasserstoffsäure und Wasser aufgenommen. In die lebhaft kochende Lösung tropft man reine Natriumhydroxyd-Lösung im Überschusse, erhält etwa fünf Minuten im Kochen, verdünnt eventuell noch etwas und filtriert die Fällung (Eisen, Chrom, Mangan) ab; im Filtrate ist Aluminium und Zink nachzuweisen.

In das alkalische Filtrat wirft man ein kleines Eckchen Lackmuspapier und gibt so lange verdünnte Chlorwasserstoffsäure hinzu, bis die Reaktion eben sauer geworden ist. Nun wird mit Ammoniak-Lösung stark alkalisch gemacht und einige Minuten gekocht. Beim Filtrieren bleibt Aluminiumoxydhydrat auf dem Filter zurück; aus dem Filtrate wird das Zink nach Ansäuern mit Essigsäure durch Schwefelwasserstoff gefällt, wobei zu beachten ist, daß der Zinksulfid-Niederschlag häufig erst nach einiger Zeit deutlich wird.

Eine Probe des Fe-, Cr-, Mn-Niederschlages wird in verdünnter Chlorwasserstoffsäure gelöst und mit Kaliumferrocyanid-Lösung auf Eisen geprüft. Eine weitere Probe schmelzt man mit Natriumcarbonat und Kaliumnitrat auf einer Magnesia-Rinne: eine dunkelgrüngefärbte Schmelze erweist Mangan (Reste Nickel können hellgrün färben); man löst sie in Wasser und etwas Alkohol kalt auf und filtriert nach einiger Zeit vom ausgeschiedenen Mangandioxydhydrate ab. Das bei Gegenwart von Chrom gelb gefärbte Filtrat wird mit Essigsäure angesäuert und mit einem Tropfen Bleiacetat-Lösung versetzt, worauf gelbes Bleichromat ausfällt; wird jetzt reichlich Ammoniak-Lösung zugesetzt und schwach erwärmt, so färbt sich der Niederschlag rotbraun.

Mit den verschiedenen Fällungen sind natürlich Identitätsprüfungen anzustellen.

Ein Übelstand dieser Methode ist der, daß stets etwas Zink mit dem Chrom zusammen niederfällt, so daß sehr kleine Zinkmengen nicht sicher nachgewiesen werden können.

Noch schneller kommt man zum Ziele, wenn man die von Nickel und Kobalt freie Lösung bis zur Entfernung von Schwefelwasserstoff kocht, annähernd mit Natronlauge neutralisiert, mit Natriumsuperoxyd stark alkalisch macht und aufkocht. Der ausgewaschene Filterinhalt wird, wie oben beschrieben ist, auf Eisen und Mangan geprüft. Das Filtrat wird angesäuert und dann mit Ammoniak versetzt, wobei sich Aluminium abscheidet. Das Filtrat hiervon wird mit

Essigsäure angesäuert und mit Bariumchlorid-Lösung auf Chrom geprüft; und weiterhin das Filtrat hiervon mit Schwefelwasserstoff auf Zink.

6. Das Filtrat vom Ammoniumsulfid-Niederschlage ist gewöhnlich durch einen kleinen Überschuß von Ammoniumsulfid gelblich gefärbt; wenn es bräunlich gefärbt ist, so ist zu vermuten, daß eine nickelhaltige Substanz vorliegt, und daß ein Teil des Nickelsulfids kolloïd gelöst durchs Filter gegangen ist. Durch Ansäuern des Filtrates mit Essigsäure und Aufkochen gelingt es fast stets, das gelöste Nickelsulfid zur Fällung zu bringen. Sollte dieser Weg ausnahmsweise versagen, so mache man ammoniakalisch, setze etwas Ammoniumsulfid-Lösung hinzu und lasse die Mischung in einer verschlossenen Flasche über Nacht stehen. Am nächsten Tage ist dann das Nickelsulfid in filtrierbarer Form ausgeschieden. Oder man schüttele die Lösung mit einigen Stückchen Filtrierpapier etwa eine Minute kräftig durch, bis ein gleichmäßiger dünner Papierbrei entstanden ist, und filtriere.

7. Zuweilen kommt es vor, daß bei der Analyse kobalt- oder auch chromhaltiger Substanzen das Filtrat vom Ammoniumsulfid-Niederschlage rötlich oder bläulich gefärbt erscheint, namentlich dann, wenn die Ammoniumsulfid-Fällung vor dem Filtrieren längere Zeit an der Luft gestanden hat, ohne daß ein Überschuß an Ammoniumsulfid vorhanden war. Es haben sich dann durch Oxydation geringe Mengen komplexer Kobaltiammoniaksalze usw. gebildet, aus denen das Metall durch die üblichen Fällungsmittel nicht mehr gefällt werden kann. In der Regel ist die gelöste Menge Kobalt so gering, daß sie die folgenden Umsetzungen nicht stört; andernfalls könnte sie durch Eindampfen der Lösung, Glühen, Wiederauflösen in Säure und Fällen mit Ammoniak und Ammoniumsulfid entfernt werden.

8. Uran würde in der Ammoniumsulfidgruppe ausfallen. Zu seiner Isolierung benutzt man die Eigentümlichkeit seines Sulfids (Uranylsulfid UO_2S), in Ammoniumcarbonat-Lösung löslich zu sein. Man neutralisiert, wenn auf Uran geprüft werden soll, die chlorwasserstoffsauere Lösung der reinen Ammoniumsulfidgruppe annähernd mit Ammoniak-Lösung und gießt sie siedend in eine siedende Lösung von Ammoniumcarbonat, die mit einem Sechstel ihres Raumes an Ammoniumsulfid-Lösung versetzt ist. Nach kurzem Aufkochen filtriert man sofort die ausgefallenen Sulfide ab und untersucht sie in üblicher Weise. Das uranhaltige Filtrat kocht man längere Zeit, wobei gelbes Uranylhydroxyd ausfällt. Zur Identifizierung löst man den Niederschlag in möglichst wenig Salpetersäure zu Uranylnitrat, fügt Natriumacetat-Lösung im Überschusse hinzu und fällt durch Natriumphosphat unter Erwärmen grünlichweißes Uranylammoniumphosphat $(UO_2)(NH_4)PO_4$; oder man fällt das Uran aus schwach sauerer Lösung mit Kaliumferrocyanid als rotbraunes, flockiges Uranylferrocyanid.

Ammoniumcarbonatgruppe

Ca; Sr; Ba

Das Filtrat vom Ammoniumsulfid-Niederschlage, das durch Waschwasser und zugesetzte Reagenzien gewöhnlich stark verdünnt ist, wird zur Trockene eingedampft, und der Rückstand weiter erhitzt, bis die Ammoniumsalze größtenteils entfernt sind. Der Rest wird mit einigen Tropfen Chlorwasserstoffsäure befeuchtet und mit Wasser gelöst; die Lösung wird, wenn nötig filtriert, ammoniakalisch gemacht und mit einigen Tropfen Ammoniumcarbonat-Lösung versetzt. Entsteht ein Niederschlag, so gebe man so lange Ammoniumcarbonat-Lösung hinzu, bis alles Ausfällbare ausgefällt ist. Man lasse die Mischung dann noch einige Minuten über der Flamme auf einem Drahtnetze stehen, ohne sie jedoch zum Kochen kommen zu lassen, sauge ab und wasche drei- bis viermal mit Wasser aus; die späteren Anteile Waschwasser werden verworfen. Der Niederschlag kann die Carbonate von Calcium, Strontium, Barium enthalten.

Zur Trennung klatsche man den Niederschlag in ein Schälchen und löse ihn in einer möglichst geringen Menge Salpetersäure unter Erwärmen, auf; oder man löse ihn mit möglichst wenig Salpetersäure auf dem Filter. Einen Tropfen dieser Lösung versetze man in einem Probierglase mit etwas Natriumacetat-Lösung und dann reichlich mit Calciumsulfat-Wasser, und lasse unter gelegentlichem Anreiben wenigstens zwanzig Minuten stehen; bildet sich keine Trübung, so liegt nur Calcium vor. Entsteht aber eine Trübung, ist also Strontium oder Barium zugegen, so dampfe man die gesamte salpetersauere Lösung in einer Abdampfschale von 7—8 cm Durchmesser zuerst auf freier Flamme, zuletzt im Nickel-Luftbade[1]) bis zur Trockene ein und erhitze den Rückstand etwa zehn Minuten auf annähernd 170 bis 200°. Die nachstehende Fig. 7 veranschaulicht diese Operation; aus ihr ist zu erkennen, wie die Abdampfschale auf einem niedrigen Dreifuße so in dem Luftbade steht, daß sie den Boden nicht berührt. Oder man stellt

[1]) Die Luftbäder sind runde, oben offene Gefäße mit flachem Boden von etwa $7^1/_2$ cm Höhe und 11 cm Durchmesser, am besten aus Nickelblech gestanzt, doch genügen zur Not auch eiserne. Bei der Benutzung stehen sie auf einem Dreifuße. Der zu erhitzende Gegenstand steht in ihnen 1 bis 2 cm über dem Boden auf einem mit Tonröhrchen überzogenen Drahtdreiecke, dessen verkürzte Drahtenden nach unten gebogen sind (vgl. Fig. 7 auf Seite 47).

die Abdampfschale auf ein Tonröhrendreieck, das eben auf einem Asbestdrahtnetze liegt. Dadurch entsteht zwischen ihr und dem Asbestdrahtnetze ein Luftbad-Raum, der Überhitzung verhindert. In ihn wird das Thermometer gesteckt, so daß sein Quecksilbergefäß sich mitten unter der Schale befindet. Wenn man die Operation mehrere Male gemacht hat, wird es gelingen, die richtige Temperatur auch ohne Mithilfe eines Thermometers einzustellen. Unmittelbar nachdem das Nitratgemisch einigermaßen erkaltet ist, kratze man es mit einem kleinen Spatel von der Wandung der Schale los, zerreibe es tüchtig mit einem dicken Glasstabe, dessen Ende zweckmäßig breitgedrückt ist, und zwar erst trocken für sich, dann nach Zusatz von etwa 5 cm^3 eines Gemisches von gleichen Raumteilen Alkohol und Äther. Schließlich sauge man das Ungelöste (Strontiumnitrat, Bariumnitrat) mit Hilfe der Saugpumpe ab und wasche es mehrere Male je mit wenig des Alkohol-Äthergemisches, das man zweckmäßig in einer kleinen Waschflasche[1]) aufhebt.

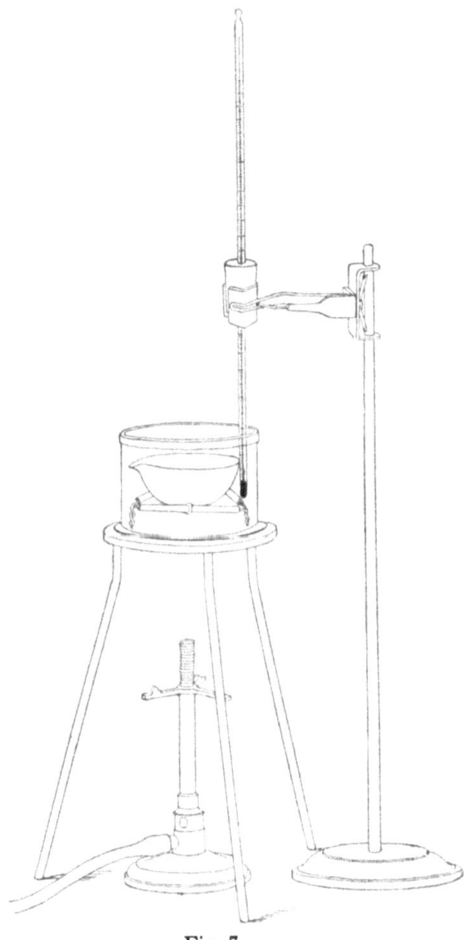

Fig. 7.

[1]) Um ein Verdampfen der Flüssigkeit zu verhindern, kann man über die Einblase- und Ausflußöffnung der Spritzflasche kurze Stücke Gummischlauchstreifen, deren andere Enden je durch ein kurzes Stück Glasstab verschlossen sind; oder man zieht über die Einblaseöffnung ein etwa 25 bis 30 cm langes Stück Gummischlauch, durch das man beim Gebrauche der Spritzflasche bläst, und dessen Ende man sonst zum Verschlusse über die Ausflußspitze steckt.

Das äther-alkoholische Filtrat enthält eventuell Calciumnitrat. Man versetze es mit vier bis fünf Tropfen verdünnter Schwefel-
Calcium säure, wobei *Calcium* als voluminöses Sulfat ausfällt. Man sauge ab.

Identitätsprüfung des Calciums: Eine Probe des abgesogenen Calciumsulfats werde am Magnesiastäbchen in der Reduktionsflamme geglüht; der Rückstand werde mit einem Tropfen konzentrierter Chlorwasserstoffsäure befeuchtet und nochmals geglüht. Wenn Calcium vorliegt, ist die Flamme jetzt intensiv, aber nur vorübergehend rot gefärbt und erscheint beim Betrachten durch ein tief dunkelblaues Glas farblos oder schwach gelblichgrün.

Die ungelösten Nitrate werden in etwa 10—15 cm^3 Wasser gelöst, die Lösung in einem Erlenmeyer-Kölbchen zum Sieden erhitzt und mit einigen Tropfen Essigsäure und etwas gelber Kaliumchromat-Lösung versetzt. Wenn kein Niederschlag entsteht, so ist kein Barium zugegen; entsteht aber ein Niederschlag, so füge man so viel Kaliumchromat-Lösung hinzu, bis die Flüssigkeit nach dem Absetzen des Niederschlages deutlich gelb gefärbt ist, koche auf und filtriere nach etwa zehn
Barium bis zwanzig Minuten ab. Der Niederschlag besteht aus *Bariumchromat.*

Identitätsprüfung des Bariums: Man koche eine Probe des hellgelben Bariumchromat-Niederschlages mit verdünnter Schwefelsäure, gieße nach dem Absetzen ab und koche den Rückstand nochmals mit verdünnter Schwefelsäure, bis er in rein weißes Bariumsulfat übergegangen ist. Eine Probe hiervon gibt nach Ausglühen am Magnesiastäbchen und Betupfen mit Chlorwasserstoffsäure beim nochmaligen Glühen eine grüne Flammenfärbung.

Das gelbe Filtrat vom Bariumchromat-Niederschlage werde mit einigen Tropfen Ammoniak-Lösung unter Kontrolle von Lackmuspapier alkalisch gemacht und nach Zusatz von etwas Ammoniumcarbonat-Lösung schwach erwärmt. Ein starker, sich bald zu Boden setzender Niederschlag
Strontium erweist mit Sicherheit die Gegenwart von *Strontium.* Man filtriere ab.

Ist der an dieser Stelle ausfallende Niederschlag sehr gering, so daß er sich erst nach längerer Zeit zu Boden setzt, so kann er auch aus Calciumcarbonat bestehen, das aus Calciumnitrat-Resten, die sich im Äther-Alkoholgemische nicht gelöst haben, entstanden ist.

Identitätsprobe des Strontiums: Man befeuchte eine Probe des Carbonats am Magnesiastäbchen mit etwas Chlorwasserstoffsäure und bringe sie in die Flamme: eine tiefrot-blaustichige Flammenfärbung, die durch ein dunkelblaues Glas purpurrot erscheint, zeigt Strontium an.

Bemerkungen zur Ammoniumcarbonatgruppe

1. Bei großem Gehalte an Ammoniumchlorid kann die Erdalkalimetallfällung ausbleiben, namentlich wenn nur wenig Ammoniumcarbonat zugesetzt wird. Aus diesem Grunde muß vor der Fällung mit Ammoniumcarbonat, wie beschrieben ist, die Hauptmenge der Ammoniumsalze entfernt werden. Die sich beim Aufnehmen des Rückstandes mit Chlorwasserstoffsäure und Ammoniakalischmachen bildende kleine Menge Ammoniumchlorid reicht zum Verhindern einer Magnesium-Fällung aus.

Statt durch Glühen kann man die Ammoniumsalze auch durch Eindampfen der mit rauchender Salpetersäure versetzten Lösung entfernen.

Zur Feststellung von Spuren Calcium und Barium, die sich mit Ammoniumcarbonat nicht bemerkbar machen, werden Proben der klaren Lösung durch Erwärmen mit Ammoniumoxalat auf ersteres, mit Schwefelsäure auf letzteres geprüft.

2. Hat sich aus dem Äther-Alkohol-Auszuge mit Schwefelsäure nur eine geringe Fällung niederschlagen lassen, so könnte diese auch durch ein wenig in Lösung gegangenes Strontiumnitrat veranlaßt sein. Zum sicheren Nachweise von Calcium sauge man den Niederschlag ab, spritze ihn mit wenig Wasser in ein Probierglas, füge etwas Ammoniak-Lösung und etwa ein Gramm festes Ammoniumsulfat hinzu und erhitze die Mischung einige Minuten zum Kochen. Dann filtriere man heiß, säuere unter Kontrolle mit Lackmuspapier durch tropfenweise Zugabe von Essigsäure schwach an und gebe einige Tropfen Oxalsäure- oder Ammoniumoxalat-Lösung hinzu. Entsteht sogleich oder nach einiger Zeit ein Niederschlag, so ist Calcium sicher zugegen, da etwa vorhandenes Strontium als unlösliches Sulfat entfernt ist. Flammenprobe mit dem blauen Glase.

3. Außer der beschriebenen, von Fresenius herrührenden Trennungsmethode der Erdalkalimetalle ist noch die folgende Methode sehr empfehlenswert, die nicht eine Trennung, sondern nur einen Nachweis der einzelnen Metalle erstrebt.

Man löse die gut ausgewaschenen Erdalkalimetallcarbonate in Essigsäure und prüfe einen kleinen Teil der Lösung durch Zugabe von Kaliumpyrochromat-Lösung auf *Barium*. Wenn ein gelber Niederschlag entsteht, so fälle man die mit der Probe wieder vermischte Lösung unter Zusatz von etwas Natriumacetat mit Kaliumpyrochromat aus und koche auf; der Niederschlag wird, wie oben angegeben ist, als Bariumchromat identifiziert. Das Filtrat wird mit Ammoniak-Lösung alkalisch gemacht und warm mit Ammoniumcarbonat gefällt, der Niederschlag abfiltriert und in Essigsäure gelöst. Eine Probe dieser Lösung oder bei Abwesenheit von Barium eine Probe der ursprünglichen Lösung des Ammoniumcarbonat-Niederschlages wird mit Calciumsulfat-Lösung (vgl. Seite 46) auf *Strontium* geprüft. Ist Strontium zugegen, so wird es — nebst einem Teile Calcium — mit Schwefelsäure ausgefällt, nach $1/2$ Stunde abfiltriert, das Filtrat schwach ammoniakalisch gemacht, auf etwa den doppelten Raumteil mit Wasser verdünnt und durch Ammoniumoxalat-Lösung auf *Calcium* geprüft. Identitätsprüfungen!

Magnesium-Alkalimetallgruppe

Das Filtrat vom Ammoniumcarbonat-Niederschlage kann außer Ammoniumverbindungen Salze von Magnesium, Kalium und Natrium enthalten.

Man dampfe die Lösung in einer Abdampfschale zuerst auf freier Flamme, später — zur Verhinderung des Spritzens — im Nickelblech-Luftbade oder auf Asbestdrahtnetz und Tonröhrendreieck ein und erhitze den festen, wesentlich aus Ammoniumsalzen bestehenden Rückstand zuerst auf dem Sandbade, weiterhin nach Überführung des Rückstandes — zur Not mit einigen Tropfen Wasser — in einen Porzellantiegel, auf freier Flamme so lange, bis die Ammoniumsalze sich völlig verflüchtigt haben; unnötig starkes Glühen ist zu vermeiden, da Alkalimetallhalogenide bei sehr hoher Temperatur flüchtig sind. Der Rest[1]) werde mit wenig Wasser und einem Tropfen Salzsäure aufgenommen. Einen Teil der Lösung filtriere man in ein Probierglas und versetze das Filtrat mit einigen Tropfen Ammoniumchlorid-
Magnesium Lösung, etwas Ammoniak und Natriumphosphat-Lösung. *Magnesium* fällt sofort, manchmal aber erst nach einiger Zeit beim Anreiben der Glaswand mit einem Glasstabe, als Ammoniummagnesiumphosphat.

Identitätsprüfung des Magnesiums: Auf Anwesenheit von Magnesium ist nur dann zu schließen, wenn der Phosphat-Niederschlag unter dem Mikroskope die charakteristische Kristallform zeigt, die man zweckmäßig mit der eines Vergleichspräparates, das man mit einem Tropfen Magnesiumsalz-Lösung herstellt, vergleicht.

Sehr empfehlenswert ist eine neuere Farbreaktion, zu der man eine 0·1-proz. methylalkoholische Lösung von Diphenyl-carbazon[2]) braucht. Kurz vor der Benutzung wird sie mit 2n-Natronlauge im Verhältnisse 1 : 5 vermischt.

Man löst eine Probe des Ammoniummagnesiumphosphat-Niederschlages in wenig Salzsäure, versetzt mit etwa 1 ccm Reagenz-Lösung und gibt noch 5 cm^3 2n-Natronlauge hinzu. Ein voluminöser, roter Niederschlag, der sich in einigen Minuten zu Boden setzt, erweist Magnesium.

1. Wenn Magnesium nicht vorhanden ist, und wie die Säureprüfung zeigt, auch keine Schwefelsäure und keine glühbeständigen Säuren wie Phosphorsäure und Borsäure, so kann der Rest der Lösung sofort auf die Alkalimetalle geprüft werden. Er wird filtriert, in einer Abdampfschale eingedampft und schwach geglüht.

[1]) Der Rückstand ist meist durch etwas Kohle usw. grau gefärbt; sollte er intensiv gefärbt sein — etwa dunkelbraun wie Ferrioxyd —, so liegt die Vermutung nahe, daß die zu analysierende Substanz komplexe Verbindungen enthält, die durch die Gruppenreagenzien nicht zerlegt worden sind, z. B. Kaliumferrocyanid, Kaliumcuprocyanid. Man rauche in diesem Falle den vorliegenden Rückstand mit konzentrierter Schwefelsäure bis fast zur Trockene ab, nehme mit Chlorwasserstoffsäure und Wasser auf und fälle mit den üblichen Gruppenreagenzien. Das letzte Filtrat werde dann auf Magnesium und die Alkalimetalle untersucht.

[2]) Über die präparative Herstellung von Diphenyl-carbazon vgl. K. H. Slotta, K. R. Jacobi, Ztschr. analyt. Chem. 77, 344 (1929).

Mit einer Probe dieses Rückstandes stelle man die Flammen-Reaktion an, wobei sorgfältig darauf zu achten ist, daß das Magnesia-Stäbchen selbst nicht schon eine Flammefärbung gibt. Eine violette Flamme erweist *Kalium*; eine intensiv gelbe erweist *Natrium*, neben dem aber auch Kalium vorhanden sein kann. Um festzustellen, ob das der Fall ist, betrachte man die gelbe Flamme durch ein tiefdunkelblaues Glas oder ein Indigo-Prisma: erscheint sie dabei farblos, so ist nur Natrium vorhanden; erscheint sie leuchtend violett, so ist neben Natrium auch Kalium zugegen. Kalium Natrium

Identitätsprüfung des Kaliums und Natriums: Das klassische Verfahren beruht auf Umsetzung eines Tropfens der Ammoniumsalz-freien Lösung mit Platinchlorwasserstoff, wobei sich das schwerlösliche Kaliumsalz als kurze, derbe Kristalle (Oktaëder) ausscheidet, das Natriumsalz aber erst nach starkem Eindampfen als lange, undeutlich ausgebildete Kristallspieße. Das Natriumsalz ist in warmem Alkohol löslich.

So lange Platinchlorwasserstoff so teuer ist, daß seine Verwendung in der chemischen Analyse ausgeschlossen erscheint, empfiehlt sich zum Nachweise von Kalium eine starke Lösung von Natriumkobaltinitrit, statt deren auch eine mit Essigsäure versetzte Lösung von wenig eines Kobaltsalzes mit einer reichlichen Menge Natriumnitrit verwendet werden kann. Diese Lösungen — zumal die zweite — halten sich nicht lange. Sie liefern bei Anwesenheit von Kalium die schwere, gelbe Fällung von Kaliumkobaltinitrit $K_3[Co(NO_2)_6]$.

Ein empfehlenswertes Reagens auf Natrium ist das Uranylacetat. Man versetze 2 bis 3 Tropfen einer gesättigten Lösung von Uranylacetat in 10-proz. Essigsäure auf einem Uhrglase mit einem Tropfen der auf Natrium zu prüfenden Lösung. Natrium ist vorhanden, wenn man nach einigen Minuten unter dem Mikroskope kleine, derbe, stark glänzende Tetraëder, die vielfach als Dreiecke erscheinen, sieht; daneben eventuell Wachstumsformen. Kalium gibt feine lange Nadeln, wird so aber weniger sicher erkannt.

Noch mehr ist die folgende Probe zu empfehlen, die auf Bildung eines Natrium-Zink-Uranylacetates beruht. Man benutzt ein Reagens, das durch Mischen einer Lösung von 10 g Uranylacetat und 3 g Eisessig in 50 ccm Wasser mit einer Lösung von 30 g Zinkacetat und 2 g Eisessig in 50 ccm Wasser hergestellt und am nächsten Tage filtriert wird.

Die auf Natrium zu prüfende Lösung darf nur wenig freie Säure, Ammoniumsalz und keine Phosphorsäure enthalten. Man nimmt also das durch Abrauchen von Ammoniumsalzen befreite Filtrat der Ammoniumcarbonat-Gruppe. 0·5 ccm der zu prüfenden Lösung wird mit etwa 4 ccm Reagens versetzt. Ist Natrium reichlich zugegen, so fällt alsbald ein kristalliner Niederschlag; bei wenig Natrium in etwa 15 Minuten.

2. Wenn die Substanz aber Magnesium, Schwefelsäure oder glüh-

beständige Säuren enthält, so müssen diese vor der Prüfung auf Alkalimetalle entfernt werden. Man versetzt den Rest der Lösung, ohne vorher zu filtrieren, mit Bariumhydroxyd-Lösung, filtriert ab, wäscht aus, fällt das Filtrat mit Ammoniumcarbonat-Lösung, wodurch das in Lösung gebliebene Barium entfernt wird, erhitzt die Mischung einige Minuten bis fast zum Kochen, filtriert, dampft das Filtrat zur Trockene und entfernt die Ammoniumsalze durch schwaches Glühen. Ein etwa bleibender Rückstand werde in sehr wenig Wasser gelöst, die Lösung filtriert und in einer kleinen Abdampfschale wieder eingedampft. Dieser Rückstand diene zur Prüfung auf Alkalimetalle.

Bemerkungen zur Magnesium-Alkalimetallgruppe

1. Als Identitätsprüfung für Magnesium eignet sich auch die folgende Farbreaktion: Einige Tropfen der von Ammoniumsalzen befreiten Lösung werden in einem Probierglase auf etwa 5 ccm verdünnt. Hierzu und in ein zweites Probierglas mit 5 ccm Wasser werden je einige Tropfen einer gesättigten, alkoholischen Lösung von Alizarinbordeaux gegeben, und die Lösungen mit Natronlauge schwach alkalisch gemacht. Es erfolgt Farbumschlag. Eine Blauviolett-Färbung erweist Magnesium, während die Vergleichslösung rot bei rotviolett gefärbt ist. Metalle, wie Aluminium, flocken mit dem Farbstoffe aus. Phosphorsäure und größere Mengen Ammoniumsalz stören die Reaktion.

2. Auf Alkalimetalle ist nur dann zu schließen, wenn nach dem Abrauchen der Ammoniumsalze wirklich ein Metallsalz Rückstand erhalten wird, der in Wasser löslich ist. Da alle Fällungs-Reaktionen nicht quantitativ verlaufen, findet man bei jeder Analyse am Schlusse einen Glührückstand; und dieser gibt stets die Natriumflamme, da die zur Erzeugung der Flammefärbung nötigen Spuren Natrium überall vorkommen. Um festzustellen, ob ein wesentlicher Gehalt an Alkalimetall in der Analysensubstanz vorhanden ist, muß man deshalb in der angegebenen Weise den zunächst erhaltenen Rückstand mit Wasser ausziehen, die Lösung filtrieren und eindampfen; und nur, wenn jetzt ein farbloser glühbeständiger Rest bleibt, kann auf die Gegenwart einer wesentlichen Menge von Alkalimetallen geschlossen werden.

3. Lithium würde unter den Verhältnissen der qualitativen Analyse kaum mit den Erdalkalimetallen ausfallen, da sein zwar schwerlösliches Carbonat dazu doch zu leicht löslich ist; wenigstens die Hauptmenge würde in der letzten Gruppe neben Magnesium, Kalium, Natrium zu finden sein. Auf seine Gegenwart würde man durch die intensiv rote Flammefärbung aufmerksam. Man isoliert es am besten dadurch, daß man nach der in der quantitativen Analyse üblichen Methode zunächst das Magnesium durch Eindampfen der Chlorid-Lösung mit gelbem Mercurioxyd, Wiederaufnehmen mit Wasser und Filtrieren entfernt, das Filtrat völlig eintrocknet, den zerriebenen Rückstand schwach glüht und dann mehrfach mit wasserfreiem Alkohol auszieht, wobei sich Lithiumchlorid löst. Es bleibt als Chlorid beim Abdunsten des alkoholischen Filtrats zurück und wird durch die intensiv rote Flammefärbung (Spektrum) identifiziert.

4. Enthält die Substanz Jodide, so färbt sich die Lösung bei der Umsetzung mit Platinchlorwasserstoffsäure braunrot, indem sich Salze der Platinjodwasserstoffsäure bilden. Nach einiger Zeit, schneller beim Erwärmen, fällt grauschwarzes Platinjodid PtJ_4 aus. Um diese Störung, die das Erkennen der Alkalimetalle verhindert, zu vermeiden, entfernt man zunächst aus der auf Alkalimetalle zu prüfenden Lösung alle Halogenwasserstoffsäuren mit Silbernitrat, nach dem Filtrieren dann den Silber-Überschuß mit Chlorwasserstoffsäure, dampft das Filtrat zur Trockene, glüht den Rückstand und nimmt ihn mit wenig Chlorwasserstoffsäure und Wasser auf; erst mit dieser Lösung wird die Prüfung auf Alkalimetalle vorgenommen.

Wertigkeitsstufe der Metalle

Nach Ermittelung der in der Substanz enthaltenen Metalle ist bei den in mehreren Wertigkeitsstufen vorkommenden Metallen festzustellen, in welcher Wertigkeitsstufe sie vorliegen. Dies ist bei wasserlöslichen Substanzen leicht, schwerer bei wasserunlöslichen Substanzen. Vielfach werden die bei den Vorprüfungen und beim Lösen gemachten Beobachtungen mithelfen; dabei ist stets darauf zu achten, ob durch den oxydierenden (z. B. Salpetersäure, naszierendes Chlor) oder reduzierenden (naszierenden Wasserstoff, schweflige Säure) Einfluß anderer gleichzeitig vorhandener oder beim Lösen entstehender Stoffe eine Änderung in der Wertigkeitsstufe veranlaßt sein kann.

Ganz besonders ist bei der Feststellung der Wertigkeitsstufe der vorhandenen Metalle eine eingehende Kenntnis der speziellen, unorganischen Chemie nötig; diese kann nicht durch die im folgenden gegebenen Hinweise ersetzt werden, sondern kann durch sie nur eine Unterstützung erfahren.

Quecksilber: Natriumhydroxyd-Lösung fällt Mercurisalz-Lösungen gelb oder rot, Mercurosalz-Lösungen schwarz. Aus letzteren fällt Chlorwasserstoffsäure weißes Mercurochlorid. Nur Mercuricyanid-Lösung oder komplex gebundenes Quecksilber gibt mit Natriumhydroxyd-Lösung keinen Niederschlag.

Kupfer: Cuprisalze sind grün oder blau gefärbt und sind meist in Wasser löslich; Cuprosalze sind weiß oder grauweiß und sind in Wasser unlöslich. Beim Kochen mit einem Überschusse von Natriumhydroxyd-Lösung geben Cupri-Verbindungen schwarzes Cuprioxyd, Cupro-Verbindungen gelbrotes oder rotes Cuprooxyd.

Arsen: Man säuere die wäßrige Lösung der Substanz oder bei wasserunlöslichen Substanzen den mit Natriumhydroxyd-Lösung hergestellten Auszug mit Salpetersäure an und fälle mit Silbernitrat-Lösung die etwa vorhandenen Halogenwasserstoffsäuren aus. Man filtriere und setze zum Filtrate unter Umschütteln tropfenweis Ammoniak-Lösung, wobei eine auftretende Trübung als Indikator dient. Entsteht ein gelber Niederschlag, so liegt dreiwertiges, entsteht ein roter Niederschlag, so liegt fünfwertiges Arsen vor. Ein Überschuß von Ammoniak-Lösung ist sorgfältig zu vermeiden.

Wenn dreiwertiges und fünfwertiges Arsen gleichzeitig zugegen sind, ist die Silbernitrat-Probe nicht deutlich. Besser sind dann folgende Proben. Man koche etwas Substanz mit Natriumcarbonat-Lösung aus, filtriere und neutralisiere das Filtrat mit Chlorwasserstoffsäure. Zu der einen Hälfte der Lösung setze man einige wenige Tropfen Cuprisulfat-Lösung und so viel Natriumhydroxyd-Lösung, bis eine blaue Lösung entsteht. Bildet sich beim Kochen dieser Lösung ein rotgelber Niederschlag von Cuprooxyd, so liegt dreiwertiges Arsen vor. Die zweite Hälfte der Lösung versetze man mit Ammoniak-Lösung und gebe etwas Ammoniumchlorid- und Magnesiumchlorid-Lösung hinzu. Fällt nach einiger Zeit ein weißer Niederschlag von Ammoniummagnesiumarsenat aus, der nach dem Filtrieren und Auswaschen auf seine Identität mittels Silbernitrat-Lösung zu prüfen wäre (vgl. Seite 31), so ist fünfwertiges Arsen zugegen.

Antimon: Man koche eine Probe Substanz mit Natriumhydroxyd-Lösung[1]) aus und filtriere. Die eine Hälfte des Filtrats säuere man mit Chlorwasserstoffsäure an, und erwärme sie nach Zusatz einiger Tropfen Kaliumjodid-Lösung schwach. Wenn sich Jod ausscheidet, so liegt das Antimon in der fünfwertigen Form vor. Die andere Hälfte der Lösung versetze man mit Silberammoniaknitrat-Lösung, die durch Zusatz von Ammoniak-Lösung zu etwas Silbernitrat-Lösung bis zur Wiederauflösung des zunächst entstandenen Niederschlages bereitet ist. Entsteht bei schwachem Erwärmen eine schwarzbraune, flockige Fällung von metallischem Silber, so ist dreiwertiges Antimon vorhanden.

Zinn: Stannosalz-Lösungen werden durch Schwefelwasserstoff braun, Stannisalz-Lösungen gelb gefällt. Andere Metalle fälle man vorher möglichst durch reichlichen Zusatz von Natriumhydroxyd-Lösung aus und säuere das Filtrat vor dem Schwefelwasserstoff-Einleiten an. Stannosalz-Lösungen reduzieren chlorwasserstoffhaltige Mercurichlorid-Lösung, wobei weißes Mercurochlorid oder graues Quecksilber ausfällt; Stannisalz-Lösungen geben mit Natriumsulfat-Lösung einen weißen Niederschlag.

Eisen: Ferrosalz-Lösungen geben mit Natriumhydroxyd-Lösung einen grünlich-weißen, Ferrisalz-Lösungen einen rotbraunen Niederschlag. Angesäuerte Ferrosalz-Lösungen geben mit Kaliumferrocyanid-Lösung einen weiß-hellbläulichen, mit Kaliumferricyanid-Lösung einen tief-dunkelblauen Niederschlag; angesäuerte Ferrisalz-Lösungen geben mit Kaliumferrocyanid-Lösung einen tief-dunkelblauen, mit Kaliumferricyanid-Lösung keinen Niederschlag. Die Kaliumthiocyanat-Reaktion auf

[1]) Oder wenn das Antimon nach der oben beschriebenen Methode nicht in Lösung zu bringen ist, so löse man in Chlorwasserstoffsäure und übersättige mit Natriumhydroxyd-Lösung unter Erwärmung, bis sich der zuerst ausfallende Antimonoxydhydrat-Niederschlag wieder gelöst hat.

Ferri-Verbindungen ist zu empfindlich, als daß sie hier Verwendung finden könnte. Man beachte, daß Ferrosalz-Lösungen sich an der Luft meist schnell oxydieren.

Chrom: Der wäßrige oder der mit Natriumhydroxyd-Lösung erhaltene Auszug der Substanz ist bei Chromaten gelb oder rot gefärbt; die wäßrige oder sauere Lösung der Chromisalze ist violett oder — nach dem Aufkochen stets — grün gefärbt.

Mangan: Der wäßrige oder der mit Natriumhydroxyd-Lösung erhaltene Auszug der Substanz ist bei Manganaten grün und unbeständig, bei Permanganaten ist er tiefrot-violett; Manganosalz-Lösungen sind fast farblos.

Prüfung auf Säuren

Durch die Vorprüfungen können die folgenden Säuren gefunden sein: Kieselsäure, Fluorwasserstoffsäure, Kieselfluorwasserstoffsäure, Titansäure, Cyanwasserstoffsäure, Ferrocyanwasserstoffsäure, Ferricyanwasserstoffsäure.

Im Gange der Analyse selbst kann gefunden sein: arsenige Säure, Arsensäure, Chromsäure, Kohlensäure, Schwefelwasserstoffsäure; die beiden letzten würden sich beim Ansäuern bemerkbar gemacht haben.

Auf die übrigen Säuren prüft man zweckmäßig erst, wenn die Untersuchung auf Metalle sich dem Ende nähert (vgl. dazu Seite 50); die Gegenwart gewisser Metalle schließt die Anwesenheit einiger Säuren aus.

So kann eine in Wasser oder in Säuren lösliche, silberhaltige Substanz nicht Halogenwasserstoffsäuren enthalten; eine wasserlösliche, neutrale, bariumhaltige Substanz kann nicht Schwefelsäure, schweflige Säure, Phosphorsäure, Kohlensäure, Kieselsäure, Fluorwasserstoffsäure enthalten.

Zur Prüfung auf Säuren verwendet man teils die Untersuchungssubstanz selbst, teils eine wäßrige Lösung oder einen durch Auskochen einer Substanzprobe mit wenig Natriumcarbonat-Lösung erhaltenen Auszug. Bei der Untersuchung arsen- und antimonhaltiger Substanzen ist es zweckmäßig, zur Prüfung auf Phosphorsäure einen kleinen Teil des Filtrats vom Schwefelwasserstoff-Niederschlage aufzuheben.

Die Prüfung auf Säuren ist oft schwieriger, als es den Anschein haben könnte; sie verlangt sorgfältiges Arbeiten, große Aufmerksamkeit und tüchtige Kenntnisse vom Verhalten der verschiedenen Stoffe. Andernfalls sind Irrtümer unausbleiblich.

---

1. Man übergieße eine Probe der Substanz in einem Probierglase mit einigen Tropfen verdünnter Chlorwasserstoffsäure. Ein sich entwickelndes Gas kann bestehen aus:

Unterchlorige Säure

a) Chlor; es wäre auf *unterchlorige Säure* zu schließen, vorausgesetzt, daß in der Substanz nicht andere oxydierende Stoffe vorhanden sind.

Kohlensäure

b) *Kohlendioxyd*; ein an einem Glasstabe hängender Barytwasser-Tropfen wird beim Einführen in den unteren Teil des Probierglases getrübt.

c) *Schwefelwasserstoff*; erkennbar am Geruche, namentlich beim Erwärmen der Mischung; ferner daran, daß das Gas einen mit Bleiacetat-Lösung befeuchteten Papierstreifen schwärzt. Schwefelwasserstoff

d) *Schwefeldioxyd*; erkennbar am Geruche; ferner daran, daß das Gas feuchtes Kaliumjodat-Stärke-Papier bläut. Schweflige Säure

Wenn sich gleichzeitig Schwefel abscheidet, so kann *Thioschwefelsäure* vorliegen. Zum sicheren Nachweise übersättige man eine Probe der klaren wäßrigen Lösung der Substanz oder, bei wasserunlöslichen Substanzen, des filtrierten Natriumcarbonat-Auszuges mit Chlorwasserstoffsäure; tritt sofort oder bei verdünnten Lösungen nach einiger Zeit eine weiße Trübung durch ausgeschiedenen Schwefel ein, so liegt ein Thiosulfat vor. Thioschwefelsäure

Zur weiteren Prüfung auf Thioschwefelsäure gebe man etwas Jod-Lösung (Jod in Kaliumjodid-Lösung oder in Alkohol gelöst) zu der von löslichen Metallhydroxyden freien Thiosulfat-Lösung; es muß Entfärbung eintreten.

Kontrollprobe auf schweflige Säure: Die folgende Probe ist nur anwendbar, wenn die Substanz von Sulfiden frei ist, also beim Ansäuern nicht Schwefelwasserstoff entwickelt. Man versetze eine Probe der Substanz in einem Bechergläschen mit etwas Zink und verdünnter Chlorwasserstoffsäure; auf das Gläschen lege man ein Stück weißes Papier, das auf seiner Unterseite mit einem Tropfen basischer Bleiacetat-Lösung befeuchtet ist. Färbt sich diese nach einiger Zeit braun oder schwarz, so ist die Gegenwart von schwefliger Säure (oder Thioschwefelsäure) erwiesen.

Man erwärme die angesäuerte Substanzprobe schwach und achte auf ein sich entwickelndes Gas:

e) *Cyanwasserstoff*; erkennbar am Geruche und daran, daß die aufsteigenden Dämpfe einen mit alkoholischer Guajakharz-Lösung und dann mit äußerst verdünnter, fast farbloser Cuprisulfat-Lösung befeuchteten Papierstreifen bläuen. Cyanwasserstoff

f) *Salpetrige Säure*; es treten rote Dämpfe auf; ein sicherer Nachweis von salpetriger Säure ist unter 4 gegeben. Salpetrige Säure

2. Man übergieße eine Probe Substanz in einem Probierglase mit $^1/_2$ cm^3 Alkohol und $^1/_2$ bis 1 cm^3 konzentrierter Schwefelsäure und erhitze die Mischung bis zum Aufkochen.[1]) Es wird erkannt:

a) *Essigsäure* am Geruche des entweichenden Essigsäureäthylesters; in zweifelhaften Fällen stelle man mit etwas Natriumacetat eine Vergleichsprobe her. Essigsäure

b) *Borsäure*;[2]) der bei lebhaftem Aufkochen der Mischung neben Alkoholdämpfen usw. aus dem Probierglase entweichende Borsäureäthylester brennt angezündet mit grüner Flamme (vgl. Borsäure

---

[1]) Liegen Permanganate oder Chlorate vor, so erwärme man zunächst vorsichtig, während man die Mündung des Probierglases vom Gesichte abwendet, da sich diese Säuren bei der Versuchsbedingung lebhaft, oft unter Feuererscheinung, zersetzen. Erst wenn diese Zersetzung beendet ist, erhitze man zum Aufkochen.

[2]) Eine sehr empfindliche Probe auf Borsäure stellt die Grünfärbung der Flamme dar, die beim Einführen einer mit etwas Calciumfluorid und Schwefelsäure gemischten Substanzprobe am Magnesia-Stäbchen auftritt.

Seite 62 Bemerkung 4); viel empfindlicher zeigt sich die Flammefärbung bei Verwendung von Methylalkohol.

3. Man koche eine Probe Substanz mit etwas verdünnter Salpetersäure auf und filtriere, wenn nötig.

a) Etwa ein Viertel der Lösung werde reichlich mit Wasser verdünnt und mit einigen Tropfen Bariumchlorid-Lösung[1]) oder besser Bariumnitrat-Lösung versetzt; ein feinkörniger, weißer Niederschlag erweist *Schwefelsäure*.

Schwefelsäure

b) Zur Hälfte der Lösung werde unter Erwärmen etwas Silbernitrat-Lösung gesetzt. Entsteht ein weißer oder gelber Niederschlag, so kann Chlorwasserstoff, Bromwasserstoff, Jodwasserstoff, Cyanwasserstoff[2]) zugegen sein.

Wenn (in Gegenwart von Chromaten) ein rotbrauner Niederschlag von Silberchromat ausfallen sollte, so wäre er durch weitere, nicht zu reichliche Zugabe von konzentrierter Salpetersäure und Erwärmen in Lösung zu bringen.

Man filtriere den Silber-Niederschlag ab, wasche ihn aus und übergieße eine Probe mit Ammoniak-Lösung. Löst sich der Niederschlag vollständig, so ist nur Chlorwasserstoff oder Cyanwasserstoff zugegen.

Cyanwasserstoff

α) Prüfung auf *Cyanwasserstoff*. Man übergieße den Rest des Silberhalogenid-Niederschlages in einem Probierglase mit ein wenig zwanzigprozentiger Schwefelsäure und erhitze zum Kochen. Wenn Cyanide vorliegen, so entweicht Cyanwasserstoff, der an seinem Geruche und an der Guajakharz-Cuprisulfat-Probe (vgl. Seite 57) erkannt wird. Wenn der Niederschlag bei einigem Kochen vollständig in Lösung geht, so ist nur Cyanwasserstoffsäure vorhanden.

Oder: man versetze ein wenig vom Natriumcarbonat-Auszuge der Substanz mit einigen Tropfen Natriumhydroxyd-Lösung und etwas Ferrosulfat-Lösung und erwärme gelind; dann gebe man einen Tropfen Ferrichlorid-Lösung hinzu und säuere an. Wenn ein feinflockiger, tiefblauer Niederschlag sogleich oder nach einiger Zeit ausfällt, so ist Cyanwasserstoff zugegen. Wenn nur Spuren Cyanwasserstoff zugegen sind, so färbt sich die Lösung beim Ansäuern zunächst grün und läßt erst nach etwa einer Stunde einige blaue Flöckchen fallen. Vgl. auch Seite 13 unten die Rhodanidprobe.

---

[1]) Die Probe auf Schwefelsäure muß mit einer verdünnten, nicht zu stark saueren Lösung ausgeführt werden, da aus stark sauerer Lösung Bariumnitrat in farblosen Kristallen ausfallen könnte. Im Zweifelsfalle verdünne man die Mischung mit Wasser und koche auf: Bariumsulfat würde ungelöst bleiben; Bariumnitrat würde sich lösen.

[2]) Lösungen, die zweiwertiges Quecksilber enthalten, geben mit Silbernitrat-Lösung keinen Silbercyanid-Niederschlag, auch wenn sie — in nicht gar zu großer Menge — Cyanide enthalten. Um in ihnen die Cyanwasserstoffsäure, auf deren Vorhandensein man schon durch die Vorprobe aufmerksam geworden sein wird, mit Silbernitrat nachzuweisen, muß man das Quecksilber zunächst mit Schwefelwasserstoff fällen, aus dem Filtrate den überschüssigen Schwefelwasserstoff fortkochen und nun erst Silbernitrat-Lösung zusetzen.

β) Prüfung auf *Bromwasserstoff* und *Jodwasserstoff*. Man säuere eine Probe des Natriumcarbonat-Auszuges der Substanz schwach an und gebe $^1/_2$ cm^3 Schwefelkohlenstoff oder Chloroform und einen Tropfen Chlorwasser hinzu. Färbt sich die Schwefelkohlenstoff-Schicht beim Umschütteln violett, so ist Jodwasserstoff zugegen; färbt sie sich braun, so ist Bromwasserstoff zugegen. Man setze, falls Jod vorhanden ist, zur Mischung tropfenweise so lange — ziemlich viel — Chlorwasser hinzu, bis die Violettfärbung des Schwefelkohlenstoffs beim Umschütteln verschwunden ist; erscheint der Schwefelkohlenstoff jetzt farblos, so ist nur Jodwasserstoff, erscheint er bräunlich gefärbt, so ist neben Jodwasserstoff auch Bromwasserstoff zugegen. **Bromwasserstoff Jodwasserstoff**

γ) Prüfung auf *Chlorwasserstoff*. Die folgende Probe ist stets anzustellen, wenn Jodwasserstoff oder Bromwasserstoff zugegen sind. Man mische eine nicht zu kleine Probe der trockenen Substanz mit etwa der doppelten Menge trockenen Kaliumpyrochromat-Pulvers und mit etwas konzentrierter Schwefelsäure in einem trockenen Probierglase. Das Probierglas werde mit einem Korke verschlossen, durch den ein rechtwinklig gebogenes Rohr führt, so wie es in der „Experimentellen Einführung" beim Chrom dargestellt ist. Dann erhitze man die Mischung und leite die etwa auftretenden braunroten Dämpfe dicht über etwas starkverdünnte Ammoniak-Lösung, die sich in einem vorgelegten Probierglase befindet. Man lasse das Glasrohr nicht in die vorgelegte Ammoniak-Lösung eintauchen, damit diese nicht zurücksteigen kann. Es ist nötig, die Schwefelsäure-Mischung einige Minuten kochen zu lassen. Wenn sich die Ammoniak-Lösung durch Bildung von Ammoniumchromat gelb färbt, ist Chlorwasserstoff in der Substanz. **Chlorwasserstoff**

Man prüfe, ob die Gelbfärbung durch Chromat verursacht ist; bei reichlicher Anwesenheit von Bromiden destilliert Brom über und bildet Hypobromit, das ebenfalls gelblich färbt. Vgl. auch Seite 62 Bemerkung 7.

Prüfung auf Chlorwasserstoff nach Longinescu. Man säuert eine Probe des Natriumcarbonat-Auszuges schwach mit Schwefelsäure an, gießt etwa gleich viel Petroleum darauf, gibt weiterhin etwa 1 cm^3 konz. Schwefelsäure und unter Umschwenken 2—3 Tropfen Perhydrol hinzu. Dabei ist vorübergehend evtl. die violette Färbung von Jod und die braune von Brom zu erkennen. Nun wird mit kleiner Flamme unter Umschwenken erhitzt, bis diese Färbungen verschwunden sind. Beim Filtrieren durch ein doppeltes, mit Wasser angefeuchtetes Filter geht nur die farblose, wäßrige Schicht hindurch. Diese wird mit Wasser verdünnt und mit Silbernitrat auf Chlorwasserstoff geprüft; der flockige Niederschlag löst sich in Ammoniak, nicht aber in Salpetersäure. Man lasse sich nicht durch eine etwaige Abscheidung von Silbersulfat täuschen. Das Filtrieren kann vermieden werden, wenn man einen Tropfen Silbernitrat-Lösung mit einer Kapillare in die vorher mit Wasser verdünnte wäßrige Schicht bringt.

c) Man versetze den Rest des salpetersaueren Auszuges der Substanz reichlich mit Ammoniummolybdat-Lösung und erwärme schwach. Wenn sich, eventuell erst nach einiger Zeit, ein schwerer, gelber Niederschlag ausscheidet, ist *Phosphorsäure* zugegen. Eine beim Zugeben der Ammoniummolybdat-Lösung etwa auftretende, weiße[1]) Ausscheidung von Molybdänsäure bringe man durch Zusatz von etwas konzentrierter Salpetersäure wieder in Lösung (vgl. auch Seite 62, Bemerkung 5).

Phosphorsäure

Wenn die Substanz Arsensäure enthält, so muß diese vor der Prüfung auf Phosphorsäure durch sorgfältiges Ausfällen mit Schwefelwasserstoff entfernt werden. Zweckmäßig verwendet man ein Probe des Filtrates von der Schwefelwasserstoffgruppe, die man zu diesem Zwecke aufbewahrt hat, für die Prüfung auf Phosphorsäure; selbstverständlich muß vor der Verwendung etwa noch vorhandener Schwefelwasserstoff[1]) weggekocht werden.

4. Man koche eine Probe der gepulverten Substanz mit etwas reiner, starker Natriumcarbonat-Lösung auf und filtriere. Die Hauptmenge des Filtrates[2]) hebe man zu den späteren Versuchen auf. Einen Teil säuere man mit Schwefelsäure an, gebe einige Tropfen wasserfreier Schwefelsäure hinzu und erwärme schwach nach Zusatz eines Tropfens verdünnter „Indigo-Lösung".[3]) Wenn die Blaufärbung verschwindet, so können oxydierend wirkende Säuren, wie Chromsäure, salpetrige Säure, Salpetersäure, Chlorsäure zugegen sein; wenn nicht, so fehlen diese Säuren.

Wenn die Reaktion eingetreten ist, so prüfe man zunächst auf salpetrige Säure. Wenige Tropfen der Lösung — nicht mehr — verdünne man mit etwa einem halben Probierglase Wasser und gebe etwas Sulfanilsäure-Lösung, etwas verdünnte Schwefelsäure und etwas α-Naphtylaminsulfat-Lösung, hinzu. Färbt sich die Mischung sofort oder bald intensiv rot[4]), so ist *salpetrige Säure* zugegen.

Salpetrige Säure

A. Wenn salpetrige Säure nicht vorhanden ist, so verfahre man folgendermaßen:

Eine Probe des Natriumcarbonat-Auszuges oder einfach der wäßrigen Substanzlösung wird mit verdünnter Schwefelsäure ange-

---

[1]) Ein dicker, tiefblauer Niederschlag oder eine Tiefblaufärbung kann entstehen, wenn reduzierende Stoffe, z. B. Stannochlorid, zugegen sind. Man setze etwas konzentrierte Salpetersäure zur Mischung und erwärme, worauf die blaue Farbe verschwindet, und eventuell der gelbe Niederschlag zum Vorscheine kommt.

[2]) Zum Filtrate setzt man zweckmäßig noch einen Tropfen Natriumcarbonat-Lösung, um festzustellen, ob alle überhaupt ausfällbaren Metalle auch wirklich ausgefällt sind. Ist dies nicht der Fall, so muß das Filtrat mit noch etwas Natriumcarbonat-Lösung versetzt, nochmals gekocht und filtriert werden.

[3]) „Indigo-Lösung" ist eine wäßrige Lösung vom Natriumsalze der Indigodisulfosäure.

[4]) Wenn die Substanz Chromsäure enthält, so tritt zuweilen eine Blaufärbung auf. Es ist dies ein Zeichen dafür, daß die Lösung zu konzentriert war. Man wiederhole in diesem Falle die Probe mit einer verdünnteren Lösung. Die empfohlene Probe auf salpetrige Säure ist so empfindlich, daß sie auch in sehr verdünnten Lösungen nicht versagt.

säuert und mit frischer Ferrosulfat-Lösung versetzt. Wird jetzt mit etwas konzentrierter Schwefelsäure unterschichtet, so entsteht an der Grenzschicht eine braune Zone, falls *Salpetersäure* vorhanden ist. (Salpetrige Säure macht sich durch eine schon bei Zugabe des Ferrosulfats auftretende Bräunung der gesamten Lösung bemerkbar). **Salpetersäure**

Eine ähnliche braune Zone bildet sich auch bei Abwesenheit von Nitraten, wenn Jodide oder Bromide zugegen sind. Sind sie zugegen, so entferne man die Jodwasserstoffsäure und Bromwasserstoffsäure mit Silbersulfat-Lösung, ehe man die Prüfung auf Salpetersäure ausführt. Silbersulfat stellt man sich durch scharfes Abrauchen von etwas Silbernitrat mit einem Überschusse von konzentrierter Schwefelsäure in einer Abdampfschale im Nickelluftbade oder auf dem Sandbade her. Silbersulfat ist in kaltem Wasser wenig löslich.

B. Wenn salpetrige Säure zugegen ist, muß sie vor der Prüfung auf Salpetersäure entfernt werden. Man versetze zu diesem Zwecke eine Probe der Lösung bei Zimmertemperatur zuerst mit konzentrierter Harnstoff-Lösung und säuere mit verdünnter Schwefelsäure an; dabei wird die salpetrige Säure in einigen Minuten unter Stickstoff-Entwicklung völlig zersetzt: ein paar Tropfen der Lösung geben jetzt nicht mehr die Salpetrigsäure-Reaktion. Gibt die Lösung nun nach Zugabe von Ferrosulfat-Lösung beim Unterschichtung von etwas konzentrierter Schwefelsäure nach kurzer Zeit eine braune Zone, so ist neben der salpetrigen Säure auch *Salpetersäure* zugegen. **Salpetersäure**

Zur Prüfung auf Chlorsäure säuere man einen Teil des Substanz-Auszuges mit verdünnter Salpetersäure schwach an und fälle etwa vorhandenes Chloridchlor mit Silbernitrat-Lösung völlig aus. Zu dem überschüssiges Silbernitrat enthaltenden Filtrate gebe man etwas Schwefligsäure-Lösung, koche auf, lasse absitzen und dekantiere die Lösung ab. **Chlorsäure** Der Rückstand wird mit etwas verd. Salpetersäure aufgekocht, wobei sich Silbersulfit usw. löst, Silber-Chlorsäurechlorid ungelöst bleibt; dies erweist *Chlorsäure.*

5. Man säuere eine Probe des Natriumcarbonat-Auszuges unter Erwärmen mit Essigsäure an und setze etwas Calciumchlorid-Lösung, oder wenn die Substanz Schwefelsäure enthält, reichlich Calciumsulfat-Wasser hinzu. Tritt eine weiße Fällung ein, so ist *Oxalsäure* zugegen. **Oxalsäure**

Wenn man bei dieser Probe einen starken Niederschlag erhält, kann man ihn zur Identifizierung abfiltrieren, mit Wasser auswaschen und mit etwas Wasser in ein Porzellanschälchen spülen. Man färbe die Flüssigkeit durch ein Tröpfchen Kaliumpermanganat-Lösung hellrot und säuere mit konzentrierter Schwefelsäure stark an. Tritt sofort oder beim Erwärmen Entfärbung der roten Lösung ein, so ist sicher Oxalsäure zugegen.

Bemerkungen zur Prüfung auf Säuren

1. Übermangansäure kann nicht neben salpetriger Säure oder neben Jodwasserstoff in einer Lösung vorhanden sein, da sie durch diese Säuren reduziert wird.

Um eine, Permanganat enthaltende Lösung auf Bromwasserstoffsäure zu prüfen, entfärbt man durch Zugabe von wenig Schwefligsäure-Lösung, säuert, wenn nötig, an und prüft die jetzt farblose Lösung in der üblichen Weise mit Schwefelkohlenstoff und Chlorwasser auf Bromwasserstoff.

2. In Säuren unlösliche Substanzen — Substanzen, die also aufgeschlossen werden müssen — sind besonders auf Säuren zu prüfen, was nach Feststellung der vorhandenen Metalle nicht schwer fällt. So müssen in Säuren unlösliche Silber-Verbindungen auf die Halogenwasserstoffsäuren, unlösliche Barium- und Strontium-Verbindungen auf Schwefelsäure geprüft werden. Oft kann man die Prüfung auf Säuren des löslichen und des unlöslichen Teiles der Substanz vereinen, indem man eine Probe Substanz-Pulver mit etwa der vierfachen Menge Natriumcarbonat-Pulver und wenig Wasser rund 5 Minuten im Kochen hält. Das Filtrat wird auf Halogenwasserstoffsäuren, Schwefelsäure, Oxalsäure, Salpeter- und salpetrige Säure geprüft.

3. Bei der Analyse fluorhaltiger Substanzen ist auf die Schwefelsäure-Probe besondere Aufmerksamkeit zu verwenden. Falls nämlich das Fluor in Gestalt von Kieselfluorwasserstoffsäure vorliegt, so entsteht beim Versetzen der angesäuerten Lösung mit Bariumchlorid ein weißer Niederschlag von Bariumsilicofluorid, der einem Bariumsulfat-Niederschlage sehr ähnlich ist. Ob dieser Niederschlag nun Bariumsulfat enthält — Schwefelsäure also in der Analysensubstanz zugegen ist —, stellt man am einfachsten durch Schmelzen einer Probe des Niederschlages am Kohle-Soda-Stäbchen und Auflösen der Schmelze in einem Tropfen Wasser, der sich auf einer Silbermünze befindet, fest: wenn ein brauner Fleck von Silbersulfid entsteht, ist Schwefelsäure zugegen; oder man prüft den wäßrigen Auszug der Schmelze mit Nitroprussidnatrium.

4. Bei der Prüfung auf Borsäure mittels des Methyl- oder Äthylesters kann ein Gehalt der Substanz an Halogenwasserstoffsäure stören, da sich dann Äthylhalogenide bilden, die ebenfalls eine, wenn auch schwache Grünfärbung der Flamme bewirken können.

Man umgeht die dadurch mögliche Unsicherheit, indem man die zur Borsäure-Prüfung zu verwendende Substanzprobe, falls sie Halogenwasserstoffsäuren enthält, in einer Abdampfschale vorher mit etwas Schwefelsäure abraucht und erst den Rückstand im Probierglase mit Methylalkohol und konzentrierter Schwefelsäure kocht.

5. Auf Vorhandensein von Phosphorsäure ist bei der auf Seite 60 angegebenen Molybdat-Probe nur dann zu schließen, wenn ein gelber Niederschlag ausfällt; Gelbfärbung der Lösung erklärt sich durch Gegenwart von etwas gelöster Kieselsäure. Diese sehr empfindliche Probe kann zum Nachweise von Kieselsäure in Wasser dienen; vgl. S. 12 oben.

6. Cyanide geben beim Kochen mit Natriumhydroxyd-Lösung Ammoniak. Um in cyanidhaltigen Substanzen einen etwaigen Ammoniak-Gehalt festzustellen, ist die Ammoniak-Prüfung nach Ausfällung der Cyanionen anzustellen.

7. Der Nachweis von Chlor in quecksilberhaltigen Substanzen kann Schwierigkeiten bereiten, weil es weder mit Silbernitrat die typische Silberchlorid-Fällung liefert, noch mit Chromat und Schwefelsäure überdestilliert. Man verwende zum Nachweise einen Natriumcarbonat-Auszug, von dem man für die Chromat-Destillation einen Teil eindampft.

8. Zum Nachweise von Essigsäure kann auch die Kakodyl-Reaktion benutzt werden. Man mischt eine Probe Substanz mit wenig Arsentrioxyd und etwas Natriumcarbonat und erhitzt im Glühröhrchen.

Kurze tabellarische Übersicht für die Trennung der Metalle

1. Chlorwasserstoffgruppe: Pb, Ag, Hg˙.
   Blei ist in heißem Wasser als Chlorid löslich.
   Silber löst sich in Ammoniak-Lösung als Silberammoniakchlorid.
   Quecksilber wird mit Ammoniak-Lösung unter Bildung einer quecksilberhaltigen Verbindung schwarz.

2. Schwefelwasserstoffgruppe: Hg, Pb, Bi, Cu, Cd, As, Sb, Sn.
   a) der in Ammoniumsulfid unlösliche Teil (Hg, Pb, Bi, Cu, Cd).
   Quecksilber ist als Mercurisulfid in zwanzigprozentiger Salpetersäure unlöslich; aus der mit Salpetersäure erhaltenen Lösung der übrigen Metalle fällt:
   Blei mit Schwefelsäure als Sulfat,
   Wismut mit Ammoniak als Oxydhydrat,
   Cadmium aus der mit Natriumcyanid-Zusatz erhaltenen Lösung der komplexen Natriummetallcyanide durch Schwefelwasserstoff als Sulfid.
   Kupfer bleibt im Filtrate.
   b) der in Ammoniumsulfid lösliche Teil (As, Sb, Sn).
   Arsen bleibt beim Auflösen der Sulfide in Chlorwasserstoffsäure ungelöst; aus der dabei erhaltenen Lösung der beiden anderen Sulfide fällt Zink die freien Elemente.
   Zinn löst sich in starker Chlorwasserstoffsäure.
   Antimon bleibt ungelöst und fällt aus der mit Chlorwasserstoff-Salpetersäure erhaltenen Lösung mit Schwefelwasserstoff als rotes Sulfid.

3. Ammoniumsulfidgruppe: Co, Ni, Fe, Al, Cr, Mn, Zn, [Ca, Sr, Ba, Mg].
   Nach Entfernung von eventuell vorhandener Oxalsäure oder Phosphorsäure fällt mit Ammoniumsulfid die „reine Ammoniumsulfidgruppe“.

a) der in fünfprozentiger Chlorwasserstoffsäure unlösliche Teil (Co, Ni).
Kobalt wird mit Kaliumthiocyanat oder als hexanitritokobaltisaueres Kalium nachgewiesen.
Nickel in einer zweiten Probe mit Diacetyldioxim.

b) der in fünfprozentiger Chlorwasserstoffsäure lösliche Teil.
α) die mit Bariumcarbonat fällbaren dreiwertigen Metalle (Fe, Al, Cr).
Eisen fällt mit Natriumsuperoxyd-Lösung als Ferrioxydhydrat.
Aluminium fällt mit Ammoniumchlorid als Oxydhydrat.
Chrom, das als Chromat gelöst geblieben ist, fällt nach der Reduktion auf Zusatz von Ammoniak-Lösung als Chromioxydhydrat.
β) die mit Bariumcarbonat nicht fällbaren zweiwertigen Metalle (Mn, Zn).
Mangan fällt mit Natriumhydroxyd-Lösung als Manganohydroxyd.
Zink fällt mit Schwefelwasserstoff aus dem mit Essigsäure angesäuerten Filtrate als Sulfid.

4. Ammoniumcarbonatgruppe: Ca, Sr, Ba.
Calcium ist als Nitrat in Äther-Alkohol löslich.
Barium fällt mit Kaliumchromat aus essigsauerer Lösung.
Strontium fällt aus dem Filtrate mit Ammoniumcarbonat.

5. Magnesium-Alkalimetallgruppe: Mg, K, Na.
Magnesium fällt mit Natriumphosphat und Ammoniak aus Ammoniumchlorid-haltiger Lösung als Magnesiumammoniumphosphat.
Kalium fällt mit Platinchlorwasserstoffsäure als Kaliumplatinchlorid oder mit Natriumkobaltinitrit als gelbes Kaliumkobaltinitrit.
Natrium fällt mit Uranylacetat in typischen Kristallen.

Bücher für Studium und Praxis in Auswahl

August 1936

Lehrbuch der Chemie. Zu eigenem Studium und zum Gebrauch bei Vorlesungen. Von MAX TRAUTZ, o. Professor und Direktor des Physikalisch-Chemischen Instituts an der Universität Heidelberg. Drei Bände. Groß-Oktav. I. Band: Stoffe. Mit zahlreichen Abbildungen im Text und auf Tafeln und Tabellen. XXVIII, 534 Seiten. 1922.
RM. 10.–, geb. RM. 11.50

II. Band: Zustände. Mit zahlreichen Abbildungen im Text und auf Tafeln und mit Tabellen. XXXIV, 634 Seiten. 1922. RM. 12.–, geb. RM. 14.–

III. (Schluß)-Band: Umwandlungen. Mit zahlreichen Abbildungen im Text und auf Tafeln und mit Tabellen. XLVI, 1054 Seiten. 1924.
RM. 20.–, geb. RM. 22.50

Grundbegriffe der Chemie. Von Dr. E. RABINOWITSCH. Mit 2 Figuren. 151 Seiten. 1930. (Sammlung Göschen Band 804) Geb. RM. 1.62

Allgemeine und physikalische Chemie. Von Professor Dr. HUGO KAUFFMANN. I. Teil: Mit 12 Figuren. Fünfte, verbesserte Auflage. 156 Seiten. 1934. (Sammlung Göschen Band 71) Geb. RM. 1.62

II. Teil: Mit 2 Figuren. Vierte, verbesserte Auflage. 148 Seiten. 1930. (Sammlung Göschen Band 698) Geb. RM. 1.62

Lehrbuch der anorganischen Chemie für Studierende an Universitäten und technischen Hochschulen. Von A. F. HOLLEMAN, LL. D., D. Sc., F. R. S. E., Vizepräsident der Königlichen Akademie der Wissenschaften zu Amsterdam. Mit 72 Figuren und einer Spektraltafel. Zwanzigste, verbesserte Auflage, bearbeitet von Dr. E. H. Büchner. Oktav. XII, 491 Seiten. 1930 Geb. RM. 14.–

Anorganische Chemie. Von Dr. WILHELM KLEMM, o. Professor an der Technischen Hochschule Danzig-Langfuhr. Mit 18 Figuren. 173 Seiten. 1935. (Sammlung Göschen Band 37) Geb. RM. 1.62

Die Metalle und ihre Verbindungen. Von Professor Dr. J. KOPPEL in Berlin. I. Alkalimetalle – Erdalkalimetalle, Magnesiumgruppe. Mit 8 Figuren. 144 Seiten. 1920. (Sammlung Göschen Band 812) Geb. RM. 1.62

II. Kupfergruppe – Aluminiumgruppe – Titangruppe – Bleigruppe. Mit 1 Figur. 133 Seiten. 1920. (Sammlung Göschen Band 813) Geb. RM. 1.62

III. Vanadiumgruppe – Chromgruppe – Mangan-Eisengruppe – Platingruppe. Mit 5 Figuren. 143 Seiten. 1920. (Sammlung Göschen Band 814)
Geb. RM. 1.62

Die Nichtmetalle und ihre Verbindungen. Von Dr. A. BENRATH, Professor der Chemie an der Universität Bonn. I. Bor – Kohlenstoff – Silicium – Stickstoff. Mit 9 Figuren. 146 Seiten. 1922. (Sammlung Göschen Band 211) Geb. RM. 1.62

II. Wasserstoff – Sauerstoff – Halogene – Edelgase. Mit 24 Figuren. 125 Seiten. 1922. (Sammlung Göschen Band 212) Geb. RM. 1.62

Experimentelle Einführung in die unorganische Chemie. Von HEINRICH BILTZ, o. Professor an der Universität Breslau. Mit 15 Figuren. Achtzehnte bis zwanzigste Auflage. Oktav. VI, 130 Seiten. 1932.
Geb. RM. 4.30

Handbuch der Arbeitsmethoden in der anorganischen Chemie. Gegründet von ARTHUR STÄHLER. Fortgeführt unter Mitwirkung erster internationaler Fachgenossen von Erich Tiede, o. Professor in Berlin, und Friedrich Richter. Vier Bände. Lexikon-Oktav. I. Band: Allgemeiner Teil: Das anorganisch-chemische Laboratorium und seine Ausstattung. Mechanische Operationen. (XII und 788 Seiten mit 1064 Abbildungen.) 1913. RM. 40.—, geb. RM. 44.—
II. Band: Physikalische und chemische Operationen. Erste Hälfte: Physikalische Operationen allgemeiner Art. (654 Seiten mit 390 Abbildungen.) 1919. RM. 32.—, geb. RM. 36.—
Zweite Hälfte: Physikalische und chemische Operationen besonderer Art. (X und Seiten 655—1648 mit 624 Abbildungen im Text und auf Tafeln.) 1925. RM. 54.—, geb. RM. 58.—
III. Band: Allgemeiner Teil: Physikochemische Bestimmungen. Erste Hälfte. (X und 692 Seiten mit 354 Abbildungen.) 1913. RM. 36,— geb. RM. 40.—
Zweite Hälfte: (VIII und Seiten 693—1575 mit 347 Abbildungen und 1 Tafel.) 1914. RM. 44.—, geb. RM. 48.—
IV. Band: Spezieller Teil. Erste Hälfte: Darstellung von Gasen, Metallen und Legierungen. (314 Seiten mit 116 Abbildungen.) 1916. RM. 16.—
Zweite Hälfte: Ausgewählte Kapitel der präparativen Chemie. Mit Generalregister zum ersten bis vierten Band. (X und Seiten 316—572 mit 62 Abbildungen.) 1926. RM. 14.50. Band IV komplett geb. RM. 34.—

Die Umwandlungen der chemischen Elemente. Von Dr. ARTHUR HAAS, Professor für Physik an der Universität Wien. Mit 31 Abbildungen. Oktav. VIII, 118 Seiten. 1935. RM. 4.30, geb. RM. 5.—

Unter den wissenschaftlichen Leistungen der letzten drei Jahre (1932—1934) haben vielleicht wenige so viel Interesse in weitesten Kreisen erweckt wie die umwälzenden Entdeckungen, die in dieser Zeit der physikalischen Forschung glückten: die Auffindung neuer Urbausteine der Materie (Neutron und Positron), der experimentelle Nachweis der Entstehung von Materie aus Licht, die Feststellung und Isolierung des schweren Wassers, die ungeahnten und durch neue Methoden ermöglichten Erfolge der Atomzertrümmerung und die künstliche Erzeugung von Radioaktivität.

Von diesen neuen Entdeckungen berichtet zusammenfassend, kurz und möglichst leicht verständlich das Büchlein von Haas in der Form von fünf Vorträgen: I. Die Materialisation des Lichtes. — II. Die Grundstoffarten. — III. Die Mittel der Atomzertrümmerung. IV. Die Ergebnisse der Atomzertrümmerung. — V. Die künstliche Radioaktivität. 31 Abbildungen, fast durchweg Wiedergaben nach Photographieen, gewähren einen anschaulichen Einblick in die Welt der Atome.

Radioaktivität. Von Professor Dr. KARL PRZIBRAM. Mit 31 Abbildungen. 142 Seiten. 1932. (Sammlung Göschen Bd. 317.) Geb. RM. 1.62

Teilchenstrahlen (Korpuskularstrahlen). Von Dr. H. MARK, Professor an der Universität Wien. Mit 59 Abbildungen. 152 Seiten. 1934. (Sammlung Göschen Bd. 1083). Geb. RM. 1.62

Organische Chemie. Von Dr. WILHELM SCHLENK jr. 1936. (Sammlung Göschen Bd. 38.) Geb. RM. 1.62

Die Praxis des organischen Chemikers. Von Dr. LUDWIG GATTERMANN, weiland Geh. Hofrat, Professor an der Universität Freiburg. Vierundzwanzigste Auflage, bearbeitet von Dr. Heinrich Wieland, o. Professor an der Universität München. Mit 59 Abbildungen im Text. Oktav. XIII, 425 Seiten. 1936. Geb. RM. 12.—

Seit der Neubearbeitung hat sich der Inhalt des Werkes vor allem nach der biochemischen Seite hin erweitert im Einklang mit dem Interesse, das diesem Gebiet in der Forschung und in der Industrie entgegengebracht wird. Besonders in der neuen Auflage sind die damit zusammenhängenden Gesichtspunkte stark berücksichtigt.

Kurzes chemisches Praktikum für Mediziner und Landwirte. Von FRITZ ARNDT, o. Professor an der Universität Breslau. Vierzehnte bis siebzehnte Auflage. Groß-Oktav. VIII, 100 Seiten. 1932. Geb. RM. 3.60

Lehrbuch der organischen Chemie. Von A. F. HOLLEMAN. Mit 78 Figuren. Zwanzigste, umgearbeitete und vermehrte Auflage von Friedrich Richter. Groß-Oktav. XII, 546 Seiten. 1935. Geb. RM. 14.—

Die 20. Auflage ist durch eine gründliche Neubearbeitung wiederum dem heutigen Stand der Wissenschaft angepaßt worden. Umgearbeitet oder neu geschrieben wurden unter anderem die Abschnitte über ungesättigte Verbindungen, freie Radikale, Kohlenhydrate, alkoholische Gärung, Stearine, Vitamine, Blut- und Blattfarbstoff, Anthocyane. Eingeschaltete Kapitel über Kristallbau organischer Verbindungen, Dipole, Röntgeninterferometrie und thermochemische Messungen geben ein anschauliches Bild von der Festigung und Präzisierung, die die theoretischen Grundlagen der organischen Chemie durch die moderne physikalische Forschung erfahren haben. Auch der Umgestaltung der organischen Technologie durch die Einführung katalytischer Methoden ist an vielen Stellen Rechnung getragen.

Einfache Versuche auf dem Gebiete der organischen Chemie. Eine Anleitung für Studierende, Lehrer an höheren Schulen und Seminaren, sowie zum Selbstunterricht. Von A. F. HOLLEMAN. Vierte, vermehrte und verbesserte Auflage von Friedrich Richter. Oktav. X, 92 Seiten. 1933. Geb. RM. 2.80

Die allgemeine Anlage des bewährten Praktikums, das mit den einfachsten experimentellen Hilfsmitteln und an Hand leicht zugänglicher Substanzen einen Überblick über das ganze Gebiet der organischen Chemie vermitteln soll, ist unverändert geblieben. Der Text wurde an vielen Stellen berichtigt und schärfer gefaßt, um ein einwandfreies Gelingen der Versuche zu gewährleisten. Einige neue Experimente fanden an Stelle weniger wichtiger Versuche Aufnahme.

Praktikum der physiologischen Chemie. Von S. EDLBACHER, a. o. Professor an der Universität Basel. Oktav. VI, 92 Seiten. 1932. Geb. RM. 4.50

Kurzgefaßtes Lehrbuch der physiologischen Chemie. Von S. EDLBACHER, a. o. Professor an der Universität Basel. Dritte, umgearbeitete Auflage. Groß-Oktav. VII, 286 Seiten. 1936 RM. 8.50, geb. RM. 10.—

Das Lehrbuch stellt heute in seiner dritten Auflage ein Werk dar, das nicht nur dem Studierenden der Medizin dient, sondern auch für den Chemiestudenten und besonders für den im Berufsleben stehenden Arzt, Kliniker und Chemiker ein höchst wertvolles Hilfsmittel sein wird.

Die industrielle Chemie in ihrer Bedeutung im Weltbild und Erinnerungen an ihren Aufbau nach 25 Vorlesungen an der Johann Wolfgang Goethe-Universität Frankfurt/M. von Professor Dr., Dr.-Ing. e. h. ALBRECHT SCHMIDT, E. B. der Landwirtschaftlichen Hochschule Berlin. Oktav. XXXIX, 829 Seiten. 1934. RM. 10.—, geb. RM. 12.—

Das Werk gibt ein umfassendes Bild des heutigen Standes, der historischen Entwicklung und der Zukunftsaussichten der industriellen Chemie, verfaßt von einem ihrer führenden Männer. Der Verfasser hat durch fünf Jahrzehnte ihren Aufbau und Entwicklungsgang selbst beobachtet und in führender Stellung daran teilgehabt und konnte so das große und wichtige Gebiet mit allen chemisch-technischen, wirtschaftlichen und kulturellen Verflechtungen im Zusammenhang darstellen. Die Einzelgebiete sind unter Verwendung eines sehr reichhaltigen Zahlenmaterials, vieler Tabellen und Formeln behandelt. Ein ausführlicher Abschnitt über das chemische Erfindungswesen gibt den Extrakt der Erfahrungen des Verfassers, der gerade als Erfinder auf den verschiedensten Gebieten außerordentliche Erfolge hatte.

Maßanalyse. Theorie und Praxis der klassischen und der elektrochemischen Titrierverfahren. Von Professor Dr. GERHART JANDER und Dr. KARL FRIEDRICH JAHR. 2 Bände. I: 139 Seiten. Mit 18 Figuren. (Sammlung Göschen Band 221.) II: 138 Seiten. Mit 24 Figuren. (Sammlung Göschen Band 1002) Geb. je RM. 1.62

Ein kurzer und billiger Leitfaden der Maßanalyse, der neben den bekannten klassischen Methoden auch die neueren elektrochemischen Titrierverfahren bringt und gleichzeitig die Pheorie leichtfaßlich darstellt, ist sicherlich sowohl für Studierende als auch für in der Truxis stehende Chemiker ein Bedürfnis. Diesem kommt das vorliegende kleine Werk von Jander und Jahr in bester Weise nach. In ihm werden auf knappem Raume in verständlicher und klarer Art die Grundbegriffe, die allgemeinen praktischen Grundlagen, die Oxydations-, Reduktions- und Neutralisations-Analysen, die Fälschungsanalysen, Konduktometrie und Potentiometrie dargestellt.

FSC
www.fsc.org
MIX
Papier | Fördert gute Waldnutzung
FSC® C083411

Zeitfracht Medien GmbH
Ferdinand-Jühlke-Straße 7
99095 Erfurt, Deutschland
produktsicherheit@kolibri360.de